トコトンやさしい

光学の本

照明、ディスプレイ、カメラや、メガネによる視力補正など、
光学技術は私たちの生活のなかにある、とても身近な技術です。

笠原亮介

B&Tブックス
日刊工業新聞社

はじめに

光学とは光の性質や振る舞いを理解し、それを応用する物理学の一分野です。私たちは日々、光学技術の恩恵を受けています。スマートフォンのカメラで写真を撮り、テレビで鮮明な映像を楽しみ、メガネやコンタクトレンズで視力を補正する―これらはすべて光学の原理を利用しています。しかし光学と聞くと、難しい理論や複雑な数式を思い浮かべ、敬遠してしまう人も少なくありません。

本書では、数式の使用を抑え、専門用語も丁寧に解説しながら、身近な例を用いてわかりやすく光学の基礎を説明します。さまざまな図を用い、光の性質や振る舞いを直感的に理解できるよう心がけました。また、カメラやディスプレイなど身近な製品を例に挙げ、光学がどのように応用されているかを具体的に紹介します。

光学の基礎を理解することで、光に関わる幅広い事柄をより深く理解できるようになります。カメラの仕組みがわかれば、より良い写真が撮れるかもしれません。ディスプレイの原理を知れば、製品選びの際の判断基準が増えるかもしれません。そして、これまで当たり前だった景色の中にも、光学の要素を見いだすことができると思います。

本書は特に、以下のような方におすすめです。

・仕事ではじめて光学の知識が必要になった方

・光学に興味はあるが、難しそうで学ぶ機会がなかった方
・カメラや映像機器が好きで、その原理を知りたい方
・光学の基礎を効率的に学びたい学生

本書は5つの章で構成されています。各章の内容を簡単にご紹介します。
「第1章　光の基礎」では、光の本質的な性質について見ていきます。光の直進性、反射、屈折といった基本的な現象から、光の波動性や粒子性まで、光の性質を解説します。
「第2章　レンズとカメラの基本」では、レンズの仕組みとカメラの原理を詳しく説明します。レンズでどのように像ができるのか、どうやって画像は撮影されているのか、といった疑問に答えていきます。
「第3章　さまざまな光学デバイス」では、私たちの身の回りにある光学素子について見ていきます。液晶やレーザー、光ファイバなど、現代社会を支える光学技術を紹介します。
「第4章　光学の応用」では、光学がどのように実社会で活用されているかを探ります。ディスプレイやプロジェクタなどの身近な機器から、通信や医療まで、さまざまな分野での光学技術の応用例を見ていきます。
「第5章　新しい光学技術」では、ナノフォトニクスや量子光学の応用など、光の可能性を広げる新技術に触れます。
本書では、これらの内容を通じて、光の振る舞いの基本から、カメラやレンズ、ディスプレイや光通信などの光学の応用、また、先端の光学技術まで、幅広い光学の知識を提供します。
この本を書くにあたり、たくさんの方々から支援をいただきました。ここに深く感謝の意を表

します。まず、日刊工業新聞社出版局書籍編集部の皆様には、本書を執筆する機会を与えていただき、その過程でたくさんの助けをいただきました。また、株式会社リコー　安部一成様、富山大学　片桐崇史先生（50音順）には内容に関する深いアドバイスをいただき、本書の内容をよりわかりやすく、正確にすることができました。さらに、執筆にあたりご協力いただいた株式会社ブライトヴォックスならびに株式会社リコーの皆様、応援してくれた家族に心より感謝いたします。

この本が、光学に興味を持つ多くの方々の助けとなり、新たな発見や創造のきっかけになることを心より願っています。

２０２５年２月

笠原亮介

目次 CONTENTS

第1章 光の基礎

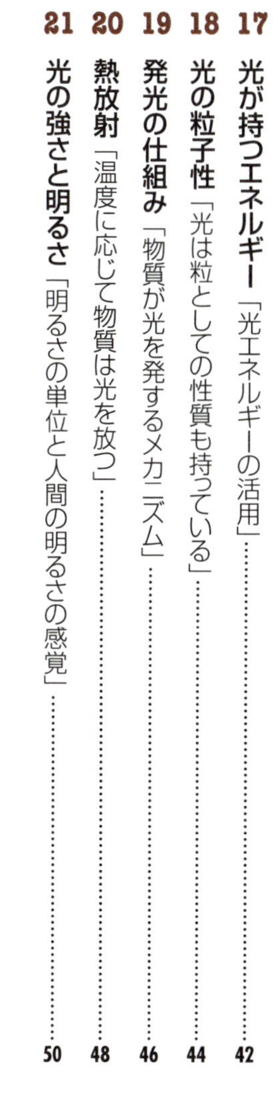

第2章 レンズとカメラの基本

第3章 さまざまな光学デバイス

第4章 光学の応用

第5章 新しい光学技術

第1章 光の基礎

1 光が支える私たちの生活

身近にある光学技術

光は私たちの生活に欠かせない存在です。太陽の光によって地球上の生命は育まれ、人類は火の光で夜の暗闇を照らすことができるようになりました。19世紀には写真技術が発明され（2章末コラム）、光を用いて画像を記録することが可能になりました。20世紀に入ると、レーザー（47項）や光ファイバ（52項）といった革新的な光学技術が実用化され、現代社会を支える重要な基盤となっています。

身近な光学機器の一つに、カメラ（2章）があります。カメラは光を使って物体の像を記録する装置です。レンズを通った光が、フィルムなどの感光材料や撮像素子（50項）に当たることで、写真や映像が撮影できます。また、照明器具や車のヘッドライトなどの光源（46項）から発せられる光によって、夜間でも明るく安全に過ごすことができます。

私たちがテレビやスマートフォンのディスプレイ（54項）で映像を見るときにも、裏ではさまざまな光学技術が使われています。液晶（51項）は、電気信号で光を制御することで画像を表示しています。また、光ファイバを用いた光通信技術（56項）は、光を使って映像など大量の情報を高速に運ぶことができます。

光学技術は産業や科学の発展にも大きく貢献しています。例えば、半導体チップの製造工程では、フォトリソグラフィ（58項）が用いられます。光を用いて半導体材料に微細な回路パターンを描画することで、高性能な集積回路が作られています。

さらに、顕微鏡（61項）や望遠鏡（62項）といった光学機器は、微小な生物や遠くの星を観察するために欠かせない存在であり、生命科学の発展や宇宙の探求（4章末コラム）に大きく寄与しています。

要点BOX
- ●カメラや照明など身近な物に光学技術が使われている
- ●光学技術は私たちの生活を豊かにしている

光学技術の応用例

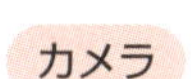

カメラ

照明

ディスプレイ

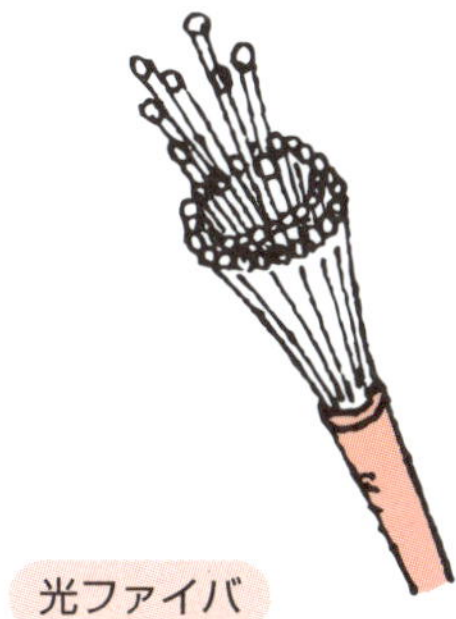

光ファイバ

望遠鏡

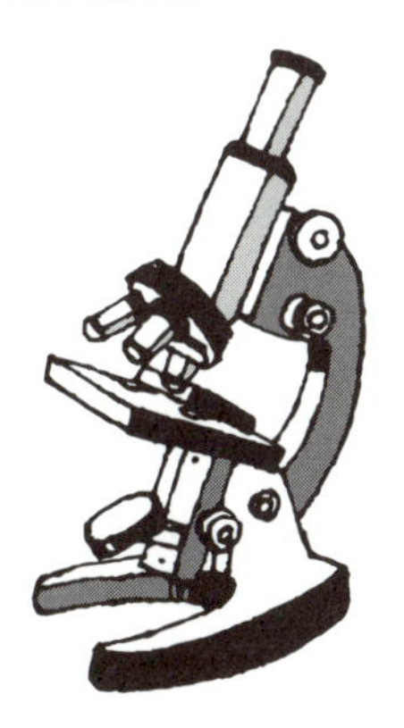

顕微鏡

用語解説

感光材料(かんこうざいりょう):光が当たると化学変化を起こす材料。カメラのフィルムなどに使われる。
撮像素子(さつぞうそし):光を電気信号に変換する半導体素子。デジタルカメラなどに使われる。
フォトリソグラフィ:光を使って微細な回路パターンを焼き付ける技術。

2 光の性質

直進、反射、屈折の3つの性質

私たちの周りには、太陽や電灯、ろうそくの炎など、さまざまな光源から光が放たれています。この光には、重要な性質がいくつかあります。

まず、光はまっすぐに進む性質を持っています。これを「直進性」と呼びます。例えば、懐中電灯で壁を照らすと、光が直進して壁に当たる様子が観察できます。また、光の直進性を示すほかの例としては、影絵があります。光源と物体の間に手などを置くと、手の影が壁に映ります。これは、光が物体で遮られた部分だけ影になり、それ以外の部分は光が直進するために明るく映ります。

また、日食や月食も光の直進性が関係しています。太陽、地球、月が一直線に並ぶと、日食や月食が起こります。日食は、月が太陽と地球の間に入ることで太陽が隠れる現象で、月食は、地球が太陽と月の間に入ることで月が隠れる現象です。これらも、光が直進することで起こる現象です。

次に、光は鏡などで跳ね返る「反射」（3項）する性質を持っています。鏡に映った自分の姿を見たことがある人なら、鏡によって光が反射することを実感できるでしょう。また、道路標識には、光を反射する材料が使われています。このおかげで、夜間でもヘッドライトの光が標識に反射して、運転者によく見えます。ほかには、夜間に月が明るく見えるのも月が太陽光を反射して輝いているためです。

さらに、光は空気から水などの異なる物質の境界を通過するとき、その進む方向が変わる性質があります。これを「屈折」（4項）と言います。例えば、コップに水を入れてストローを差すと、ストローが曲がって見えます。これは、光がコップの外の空気からコップの中の水に入るとき、光の進む方向が変わるためです。

このように、光にはまっすぐ進む性質、反射する性質、屈折する性質があります。

要点BOX
- ●まっすぐに進む性質がある
- ●鏡などで反射する性質がある
- ●水と空気など物質の境界で進む方向が変わる

光の直進性の例：影絵

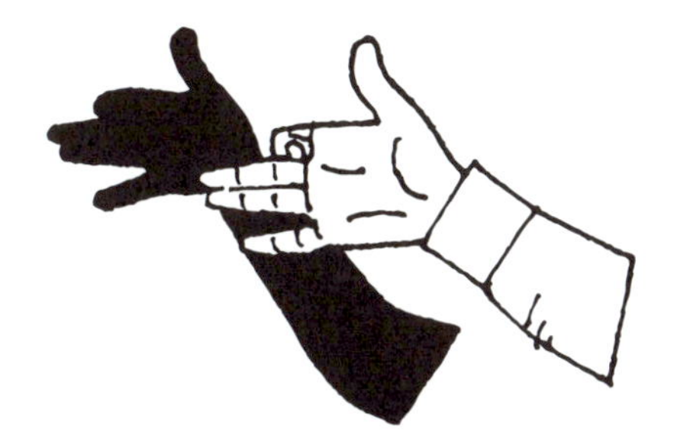

光の反射の例：鏡

光の屈折の例：曲がって見えるストロー

3 光の反射

鏡の反射から身の回りの反射まで

私たちは日常生活で鏡に映った自分の姿を見たり、キラキラ光る水面を目にしたりしますが、これらは全て光の反射によって起こっています。

まず、光の反射の基本となるのが「反射の法則」です。光が鏡のような平らな面に当たると、入ってきた角度（入射角θ_1）と同じ角度で跳ね返ります（反射角θ_2）。つまり、入射角と反射角は常に等しく（$\theta_1=\theta_2$）なります。

光は金属でよく反射します。私たちが鏡で自分の姿を見られるのは、鏡の奥にある金属面で光が反射するからです。金属以外でも、物質の境界で光は反射します。例えば、水面に景色が映るのは、空気と水の境界における光の反射（5項）のためです。

鏡のようなツルツルした面では、光が一定の方向に反射します。これを「正反射」と呼びます。正反射では、光が反射の法則にしたがい一方に反射するため、次に説明する乱反射は起こりません。そのため、鏡を見たとき、鏡自体の表面は見えにくく、鏡に映った像が見えます。

一方、物体の表面がざらざらしていると、光がさまざまな方向に反射します。これを「乱反射」と呼びます。例えば、白い紙の表面は微細な凸凹があるため、光が当たるとさまざまな方向に反射します。この乱反射光が目に入ることで、私たちは白い紙を見ることができています。

物体の色は、その物体が反射する光の色で決まります。黄色いバナナは、黄色の光を強く反射し、ほかの色の光のエネルギーを取り込む（吸収）ので、黄色く見えます。金属の金が黄金色なのは、金が赤や緑の光をよく反射し、青の光をあまり反射しないためです。

光の反射は、照明（46項）や天体望遠鏡（62項）など、さまざまな技術に応用されています。

要点BOX

- ●光は入ってきた角度と同じ角度で反射する
- ●表面の凸凹で光が乱反射し、物が見える
- ●物の色は反射する光の色で決まる

反射の法則

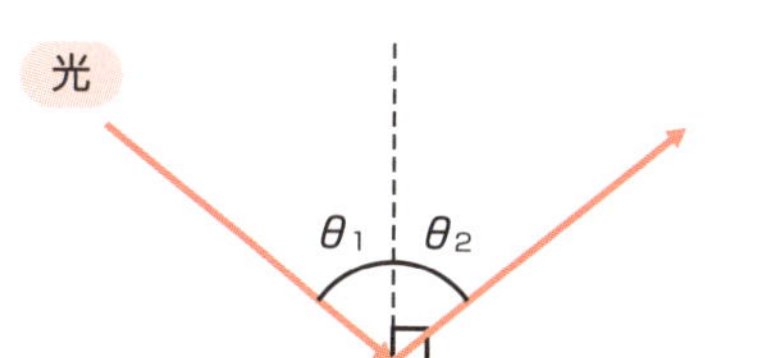

$\theta_1 = \theta_2$

入射角と反射角は等しい

正反射と乱反射

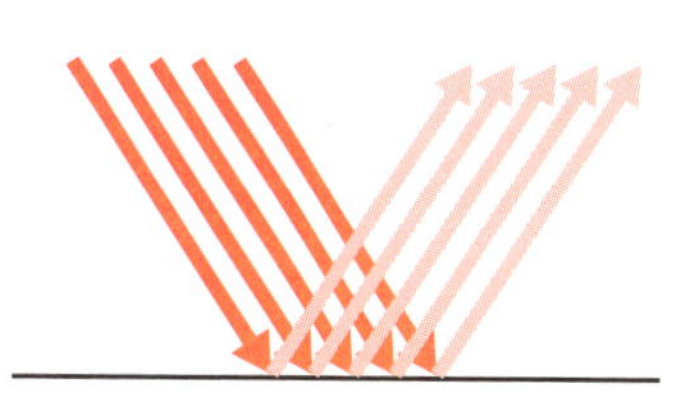

鏡のようなツルツルした面

入射した光は同じ方向に反射する

正反射

ざらざらした面

入射した光はさまざまな方向に反射する

乱反射

物体の色

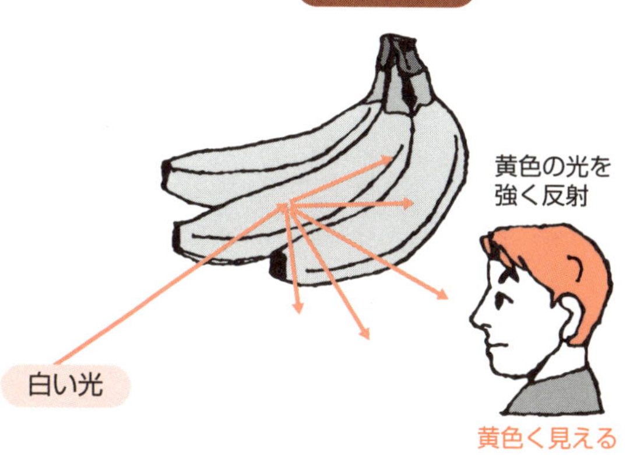

用語解説

吸収（きゅうしゅう）：物質が光のエネルギーを取り込む現象。

4 光の屈折

光の曲がり方を決めるスネルの法則

私たちの周りでは、光が曲がる現象をよく目にします。例えば、コップに入れたストローを上から見ると、水面でストローが折れ曲がって見えます。また、プールの底が浅く見えるのも、光が水の中で曲がるからです。この光が曲がる現象を「屈折」と呼びます。

光の屈折は、光が異なる物質の境界を通過するときに起こります。空気中から水中へ光が入るとき、光は水面で曲がります。これは、光が物質中を通るときの速度が、物質によって異なるためです。真空中を進む光の速度は一定ですが、水やガラスなど物質中を進む光は速度が遅くなります。この物質による光の速度の違いを表す値が「屈折率」で、真空中の光の速度を物質中の光の速度で割ったものです（式1）。

光の屈折の法則を数式で表したものが、「スネルの法則」です。上図のように、光が物質1から物質2へ入射するとき、式2が成り立ちます。

では、なぜ光は屈折するのでしょうか？ 光の伝播を考える上で重要な原理に、「フェルマーの原理」があります。これは、光は始点から終点まで進むのに要する時間が最小となる経路を通るという原理です。光が物質の境界を通過するとき、速度が変化するため、最小時間の経路は直線ではなく、屈折した経路となります。つまり、光にとって最も効率的な経路が選ばれた結果が、屈折した経路なのです。

また、光の屈折は車輪の動きに例えてもわかりやすいかもしれません。下図のように、車輪が平らな道から砂地に斜めに入ると、砂地に先に入った部分の速度が遅くなり、車輪の向きが砂地に入った方向へ変わります。光も同じように、屈折率の異なる物質に斜めに入ると、先に入った部分の速度が変化し、進む方向が曲がります。

光の屈折はレンズ（2章）の働きの基礎となっている重要な光の性質です。

要点BOX
- ●光は物質の境界で曲がる（屈折）
- ●物質の屈折率で曲がり方が変わる
- ●レンズは屈折を利用して光を集める

スネルの法則

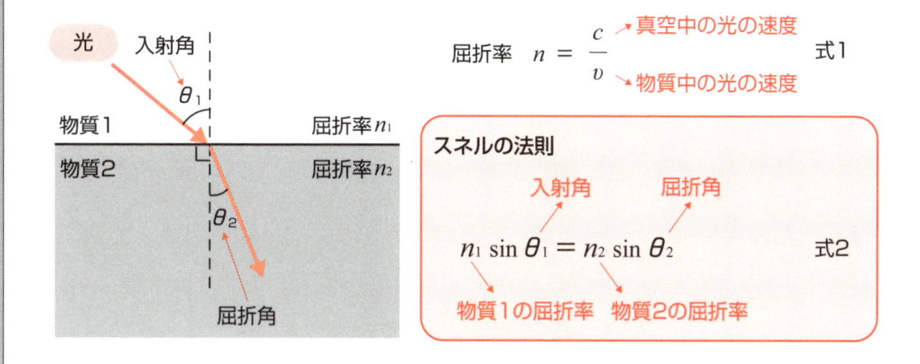

フェルマーの原理

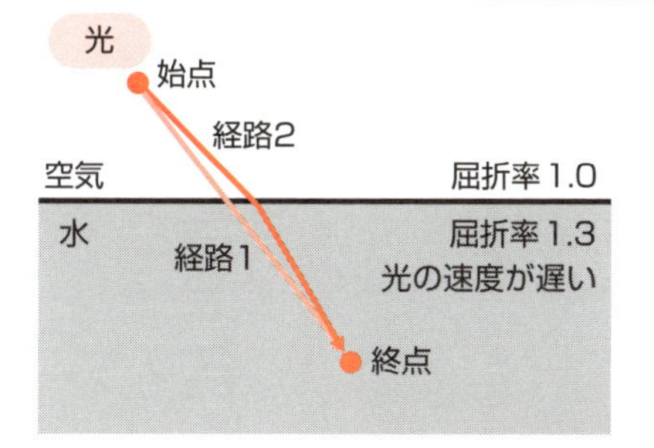

水は空気よりも屈折率が高く、光が遅くなるので、最小時間で始点から終点まで到達するのは経路1ではなく空気を進む距離が長い経路2となる（経路2のほうが、光が遅い水の中を進む距離が短い）。よって、光は空気と水の境界で屈折する。

車輪の動きによる屈折の説明

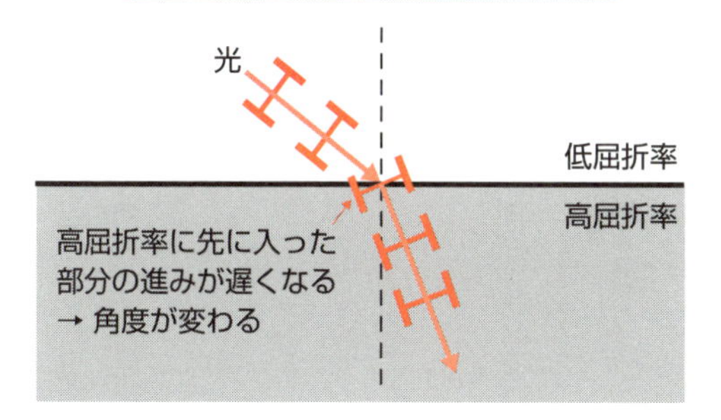

用語解説

入射角（にゅうしゃかく）：光が物質の境界に入射するときの角度。境界面の法線（垂直線）と入射光のなす角。
屈折角（くっせつかく）：光が物質の境界を通過した後の角度。境界面の法線（垂直線）と屈折光のなす角。
屈折率（くっせつりつ）：光が物質中を進むときの速度の比率を表す値。真空中の光速度を物質中の光速度で割ったもの。例えば空気の屈折率は約1.0、水の屈折率は約1.3、ダイアモンドの屈折率は約2.4。屈折率が大きいほど、光の速度は遅くなる。

5 境界での光の反射と全反射

光を100%反射させるには？

光の反射（3項）により、水面が鏡のように周りの景色を映し出す様子を見たことがあると思います。光は異なる物質の境界を通過するときに屈折（4項）しますが、同時に一部の光は反射します。しかし、光がいつも同じように反射するわけではありません。

光が物質の境界面にぶつかった際の、反射と屈折の割合（反射率と透過率）は、境界の2つの物質の屈折率や光の入射角などによって異なります。物質の境界で光が屈折と反射に分かれる現象は、最初の水面の例のように光が低屈折率（空気）から高屈折率（水）の物質へと進む場合にも、その逆に進む場合にも発生します。

この中で、光がガラスや水といった、高屈折率の物質から、空気のような低屈折率の物質へと進む場合には、ある角度を超えると、光はすべて反射し、反対側の物質へはまったく進まなくなります。この角度を「臨界角」と呼び、2つの物質の屈折率の比で決まります。例えば、水から空気へと光が進む場合、臨界角は約49度です。これを超える角度で光が水面に当たると、光はすべて水中に反射されるようになります。これを「全反射」と呼びます。

宝石のカットには全反射が利用されています。例えば、ダイアモンドのブリリアントカットでは、入った光が全反射を繰り返すことで、きれいな輝きを放ちます。

光ファイバ（52項）は細いガラスや樹脂でできた繊維で、光を伝送するために用いられます。光ファイバの中では、光が繊維の内壁で全反射を繰り返しながら伝わることで、光を長距離にわたって外に漏らすことなく伝送することができます。

また、水中から水面を見上げると、水面が丸い窓のように見えることがあります。これは「スネルの窓」と呼ばれる現象で、これも全反射によって説明できます。

要点BOX

- ●境界への入射角度によって反射率が変化する
- ●屈折率の高い物質から低い物質に光が入ると、ある入射角度以上で光が100%反射する

境界での反射

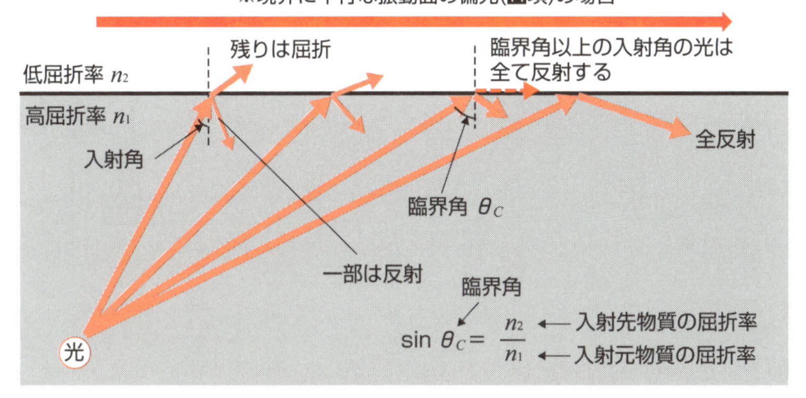

水から空気へ入射する場合の臨界角は約49度

ダイアモンドのブリリアントカット

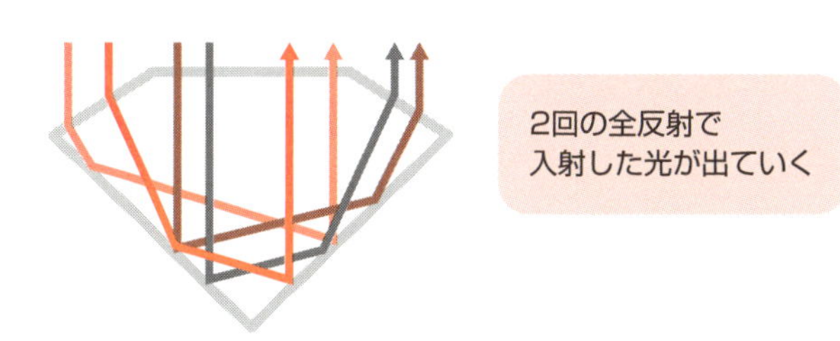

スネルの窓

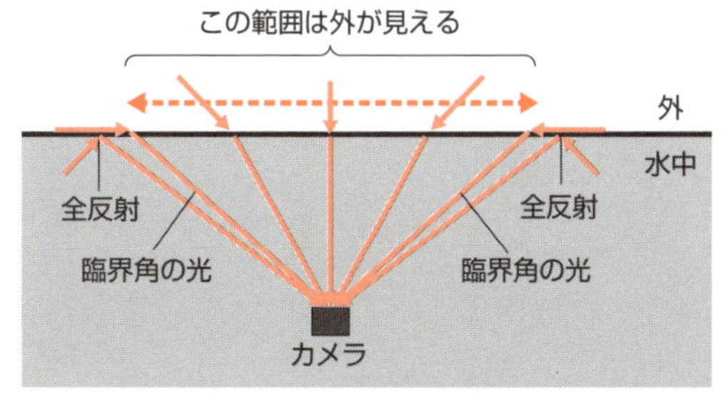

水中から見ると外の景色が円形に見え、それより外側には全反射により水中が見える

6 レンズとミラーの役割

光の向きを操る部品

　レンズやミラー（鏡）は、私たちの身の回りにあふれている光学部品です。光は普段、まっすぐ進みますが、レンズやミラーを使うと、その進路を曲げることができます。

　レンズは、ガラスやプラスチックなどの透明な素材で作られた、両面、もしくは片面が曲面になっているものです。レンズには大きく分けて、凸（とつ）レンズと凹（おう）レンズの2種類があります。レンズの主な役割は光の経路を屈折（4項）により曲げることです。レンズに光が入ると、レンズの形状によって光の進む方向が変わります。これを利用して、光を一点に集めたり、逆に広げたりすることができます。

　凸レンズは中央が厚くて端が薄いレンズで、光を一点に集める働きがあります。一方、凹レンズは中央が薄くて端が厚いレンズで、光を広げる働きがあります。例えば、虫メガネは凸レンズを使っており、太陽の光を集めることで黒い紙を発火させることができます。一方、近視の人が使うメガネは凹レンズを使っており、目に届く前に光を広げることで、近視の補正を行っています（38項）。

　ミラーは、ガラスなどの片面に金属の薄い膜を蒸着させたもので、光を反射（3項）する働きがあります。ミラーにも、大きく分けて凸面鏡と凹面鏡の2種類があります。

　凸面鏡は、外側に湾曲した鏡で、光を広げる性質を持ちます。カーブミラーや自転車のバックミラーなど、広い範囲を見渡す必要がある場所に設置されています。凸面鏡は光を広げるため、広い範囲の情報を一度に見ることができますが、像は実際よりも小さく見えます。一方、凹面鏡は、内側に湾曲した鏡で光を集める性質を持ちます。化粧をするときに使う拡大鏡は凹面鏡で、顔を近づけると顔が大きく見えます。

要点BOX
- ●レンズは光を屈折させ、集めたり広げたりする
- ●ミラーは光を反射させ、集めたり広げたりする

凸レンズと凹レンズ

凸レンズ

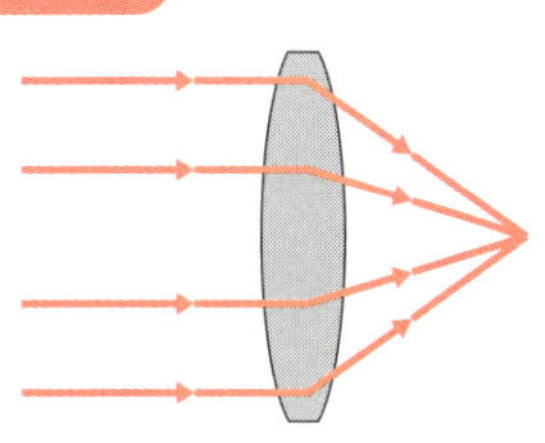

虫メガネ

凹レンズ

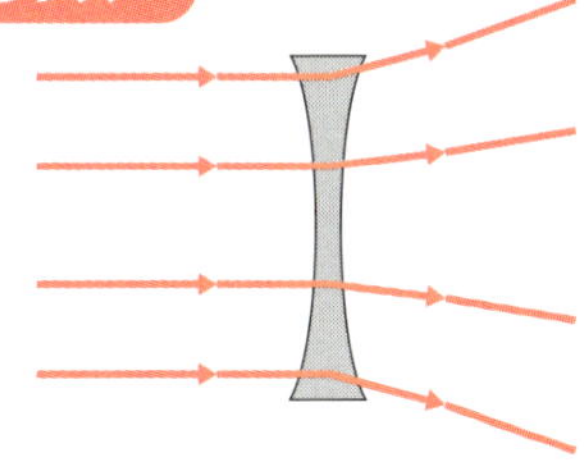

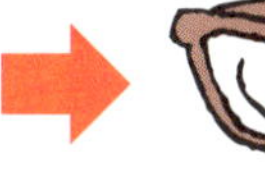

近視用メガネ

凸面鏡と凹面鏡

凸面鏡

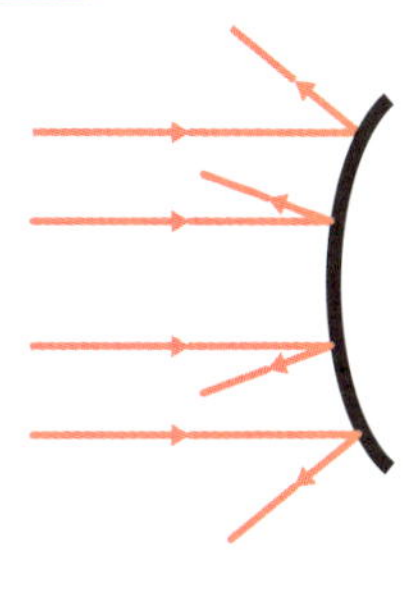

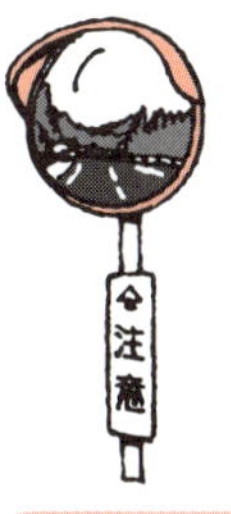

カーブミラー

凹面鏡

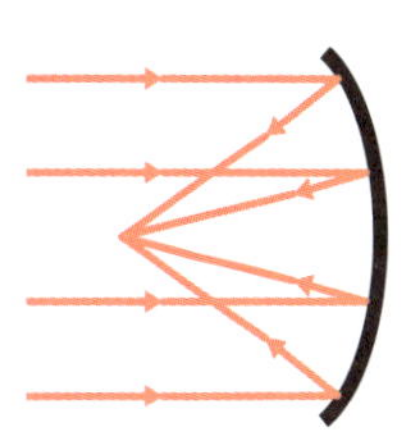

拡大鏡

7 実像と虚像

鏡に映る自分は虚像が見えている

鏡の前に立つと、そこには自分そっくりの姿が映っています。しかし、この鏡の中の自分は、本当にそこに存在しているのでしょうか？　実は、鏡の中の自分は「虚像」と呼ばれる光学的な現象による像です。

虚像とは、光が集まって実際に像を作るのではなく、光が「あたかもそこから出ているように進む」ことで、私たちの目に像として認識されるものです。例えば、鏡に映る自分は、鏡の向こう側にいるように見えますが、実際には鏡の向こう側には何もありません。これは、鏡に反射した光が、まるで鏡の向こう側から来ているかのように進むためです。

一方、「実像」は、光が集まって実際に像を作るものです。映画館のスクリーンに映し出される映像は、プロジェクタから出た光により作られる実像です。写真に写る景色や人物も、カメラのレンズを通った光が、写真フィルムや撮像素子（50項）上に実像を形成することで記録されます。実像は、スクリーンや写真フィルムのようなものに映し出すことができますが、虚像はレンズを介さずに映し出すことができません。

では、鏡に映る自分以外の虚像には、どんなものがあるのでしょうか？　実は、私たちの身の回りには、たくさんの虚像が存在しています。例えば、湖や池に映る木々や建物の像や、お店の防犯用の凸面鏡（6項）に映る像は虚像です。

また、虫メガネで拡大して見る像も虚像です。虫メガネや顕微鏡は、凸レンズ（6項）を使って物体を拡大して見せてくれます。凸レンズを通った光は、レンズと物体との距離によって、実像を作ったり、虚像を作ったりしますが、虫メガネでは、凸レンズに近い位置に物体があり、虚像として物体が拡大して見えます。このように、虚像や実像は私たちの身の回りでさまざまな場面で見ることができます。

要点BOX

- ●鏡に映る自分は虚像
- ●実像はスクリーンに映せる
- ●虫メガネや顕微鏡で拡大して見る像は虚像

鏡で見える虚像

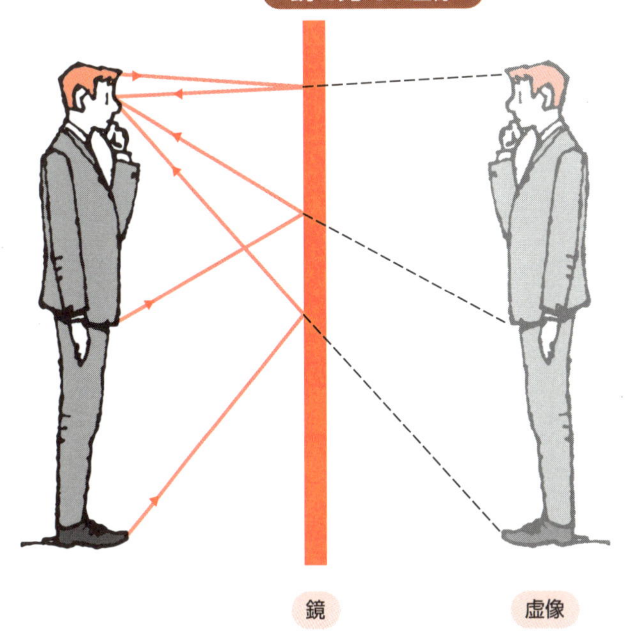

凸レンズによる実像と虚像

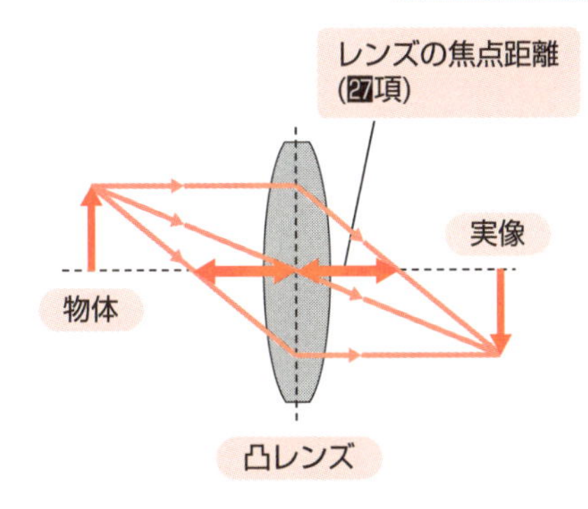

物体位置が焦点距離27よりも遠いとき
→実像ができる

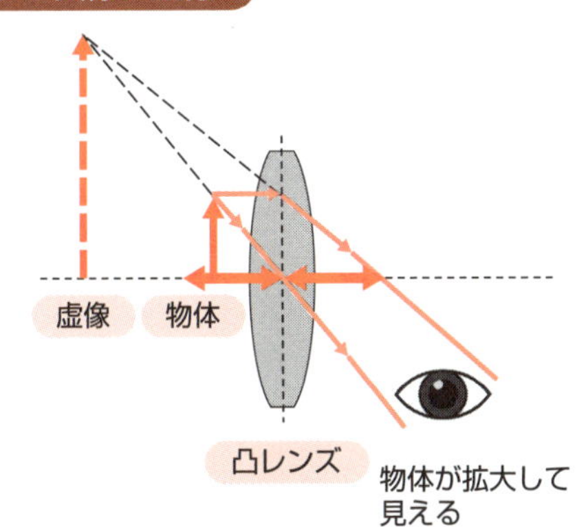

物体位置が焦点距離27よりも近いとき
→虚像ができる

用語解説

虚像(きょぞう)：光が「あたかもそこから出ているように進む」ことで、私たちの目に像として認識されるもの。レンズを介さずにスクリーンや写真フィルムなどに映し出すことはできない。
実像(じつぞう)：光が集まって実際に像を作るもの。スクリーンなどに映し出すことができる。

8 光の波としての性質

普段、私たちが目にする光は、実は「波」としての性質を持っています。波というと、海の波を思い浮かべるかもしれませんが、光もまた、目には見えないですが、波のように振動しながら進んでいます。

上図に示すように波にはいくつかの重要な要素があります。まず、「波長」とは、波の山から山、または谷から谷までの距離のことです。そして、「振幅」は、波の高さ、つまり波の大きさを示します。「位相」は、波のタイミング、つまり波の山や谷がどの位置にあるかを示します。

これらの要素は、光にも当てはまります。光の色は、実は波長によって決まります（10項）。例えば、赤や青の光は、それぞれの波長が異なることで、私たちの目に異なる色として見えています。また、振幅の大きさは光の強さとなります。

では、光が波であることを示す証拠は何でしょうか？19世紀初頭、イギリスの科学者トーマス・ヤングは、光の波としての性質（波動性）を証明する実験を行いました。それは、2つの細いスリット（すき間）を通して光を当てると、スクリーンに縞模様が現れるというものです。

この縞模様は、光が波であるからこそ現れます。2つのスリットを通った光は、それぞれ波として広がり、スクリーン上で重なり合います。このとき、2つの波の位相がそろい波の山と山、谷と谷が重なると、波は強め合い、明るい部分が現れます。逆に、波の山と谷が重なると、波は打ち消し合い、暗い部分が現れます。このような現象を「干渉」（12項）といいます。もし光が波でなかったら、干渉は起きないので、この縞模様は現れないはずです。

光の波動性は日常でも見られます。水たまりにできた油膜は非常に薄いため、その表面と裏面で反射した光が干渉を起こします。油膜の厚さの違いにより強め合う色が異なり、虹色に見えます。

要点BOX
- ●光は波のように振動しながら進む
- ●ヤングの実験が光の波動性を証明
- ●光の干渉は身近な現象

波の性質から光を理解する

波の要素

波長

位相

振幅

波の干渉

位相がそろった波
→強め合う

位相が反対の波
→打ち消し合う

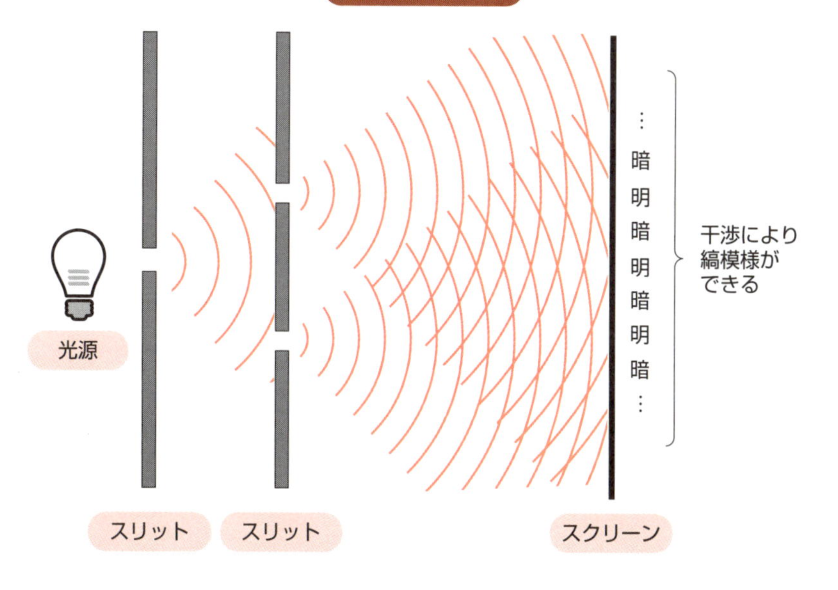

用語解説

波長（はちょう）：波の山から山、または谷から谷までの距離。光の色を決定する。
振幅（しんぷく）：波の高さ、波の大きさを示す。
位相（いそう）：波のタイミング、つまり波の山や谷がどの位置にあるかを示す。
干渉（かんしょう）：複数の波が重なり合い、強め合ったり、弱め合ったりする現象。光の場合、特定の色が強調されたり消えたりする効果を生む。

9 光と電磁波

光と電波の関係

8項で光は波の性質を持つことを説明しました。実は、光は「電磁波」と呼ばれる波の一種です。電磁波とは、電界と磁界が対になって振動しながら空間を伝わっていく波のことです。

電界とは、プラスとマイナスの電荷によって作られる目に見えない力の空間のことです。例えば、プラスの電荷を持つ物体の周りには、マイナスの電荷が引き付けられる力が働きます。磁界とは、磁石や電流によって作られる目に見えない力の空間のことです。磁石の周りには、ほかの磁石を引き付けたり、反発したりする力が働きます。また、電流が流れている導線の周りにも、磁界ができます。

電磁波は、この電界と磁界が互いに振動しながら、空間を伝わっていきます。電界と磁界の振動方向は互いに垂直で、波の進行方向に対しても垂直です。

電磁波には、目に見える光や目に見えない光である紫外線や赤外線のほかに、電波やレントゲン写真の撮影で用いられるX線などがあります。これらは、波長が異なるだけで、基本的な性質は同じです。私たちの目に見える光は、およそ380nm（ナノメートル）から780nmの波長を持つ電磁波です。なお、1nmは1mmの100万分1という非常に短い長さです。

電磁波の中でも、波長が長いものがラジオやテレビ、スマートフォンや無線LANの通信に使われる電波です。これらの電波も、光と同じく、電界と磁界が振動しながら伝わる電磁波です。

真空中を伝わる電磁波の速さ、つまり光や電波の速さは約30万km／sです。これは、1秒間に地球を約7周半もできる速さです（3章末コラム）。

身の回りには、さまざまな電磁波が飛び交っています。光は電磁波のごく一部に過ぎません。また、光の中にも紫外線や可視光、赤外線など波長によってさまざまな呼び方があります（10項）。

要点BOX
- ●光は電磁波の一種
- ●電磁波は電界と磁界が対になって振動しながら伝わる

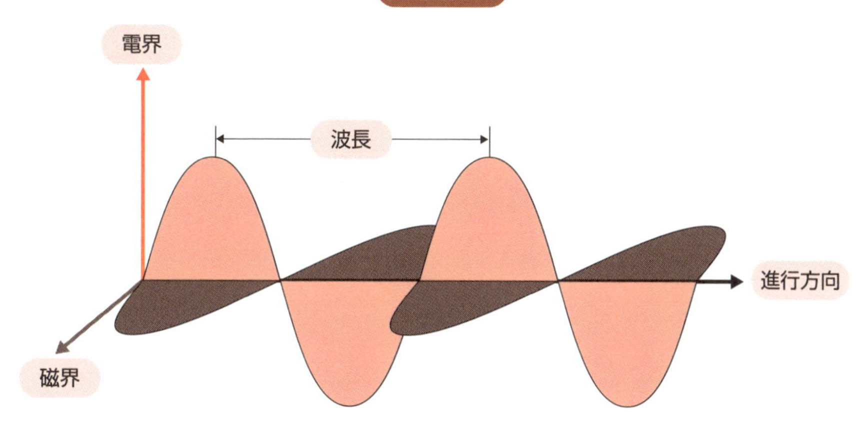

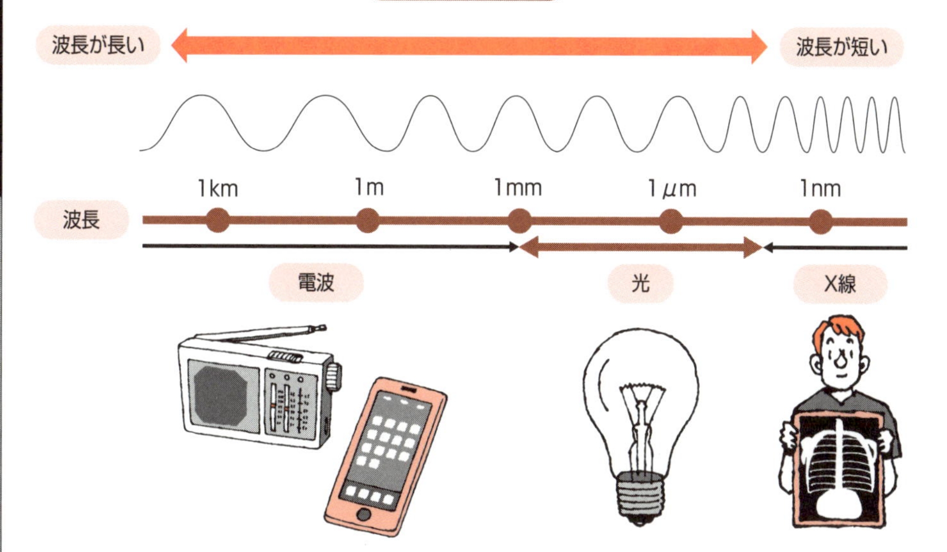

用語解説

電磁波(でんじは)：電界と磁界が対になって振動しながら伝わる波。
電界(でんかい)：電荷によって作られる目に見えない力の空間。
磁界(じかい)：磁石や電流によって作られる目に見えない力の空間。
電荷(でんか)：粒子や物体が帯びている電気。プラスとマイナスがあり、同じ種類の電荷は反発し合い、異なる種類の電荷は引き合う。
電波(でんぱ)：電磁波の中で光よりも波長が長いもの。

10 光のスペクトル

プリズムが光を虹色に分ける仕組み

プリズムに白熱電球の光のような白色光を通すと、光が虹色に分かれる現象を見たことがあるでしょうか？　これは、白色光がさまざまな色の光が混ざったものだからです。プリズムを通ると、光が波長ごとに異なる角度で曲げられ、色が分かれます。この現象の原因となるのが「分散」です。

分散とは、光の波長によって物質の屈折率（4項）が異なる現象のことです。プリズムが白色光を虹色に分けるのは、この分散のためです。プリズムに入射した白色光は、波長ごとに異なる角度で屈折します。波長が短い青や紫の光は、屈折率が大きいため、大きく曲げられます。一方、波長が長い赤の光は、屈折率が小さいため、曲げられる角度が小さくなります。その結果、プリズムを出た光は虹色に分かれます。

このように色ごとに分かれた光を「スペクトル」と呼びます。スペクトルとは、波長ごとの光の強さを表したものです。つまり、スペクトルは光に含まれる色の成分を示しています。

光の色は波長によって決まります。人間の目に見える光の範囲は、波長が約380nmから約780nmまでで、これを可視光と呼びます。可視光は波長が長いほうから短いほうへ赤色、黄色、緑色、青色、紫色に見えます。白色光の中には、これらの色の光がすべて含まれています。しかし、光のスペクトルは可視光の範囲だけではありません。可視光の両端には、紫外線と赤外線が存在します。

紫外線は、波長が約10nmから約380nmまでの光です。過剰な紫外線は、皮膚の炎症やがんの原因になることがあります。

赤外線は、波長が約780nmから約1mmまでの光です。熱を持つ物体は赤外線を発する（20項）ため、赤外線が見えるカメラを使うと、暗闇でも物体の温度分布を見ることができます。

要点BOX
- ●白色光はさまざまな色の光が混ざったもの
- ●スペクトルは波長ごとの光の強さを表したもの

プリズムでできるスペクトル

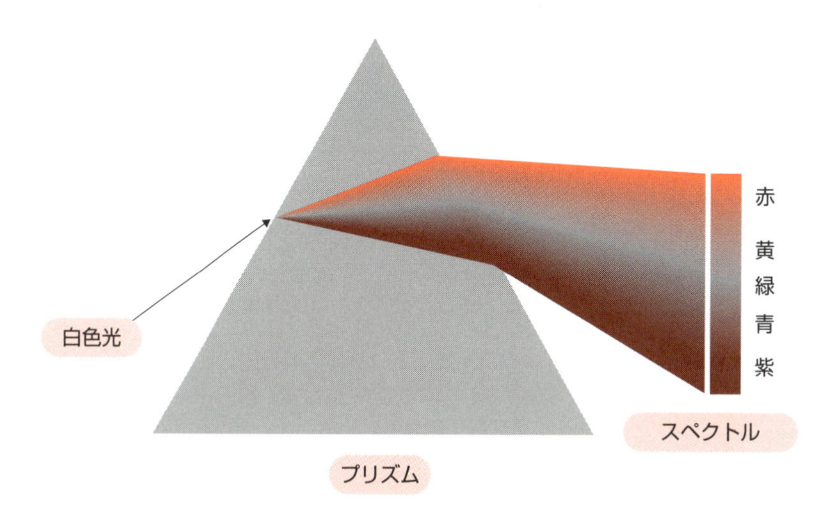

光のスペクトル

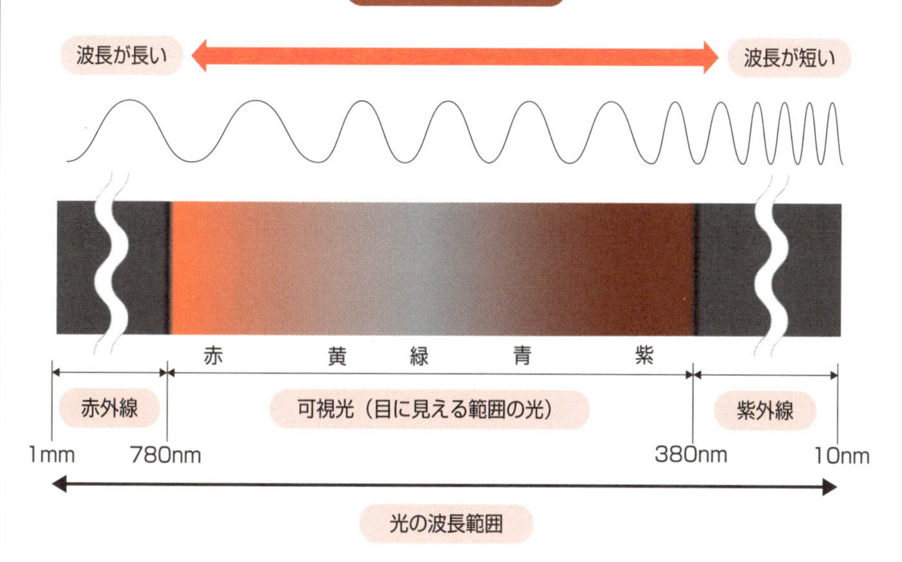

用語解説

分散(ぶんさん)：光の波長によって物質の屈折率が異なる現象。
スペクトル：波長ごとの光の強さを表し、光に含まれる色の成分を示す。
可視光(かしこう)：人間の目に見える光。波長が約380nmから約780nmまでの範囲にある電磁波。

11 分光

光の成分を分析する

物質が発する光や物質を透過した光などをプリズムで分けるとスペクトルが現れます(10項)。このスペクトルを見ると、物質ごとに現れ方が異なることが分かります。このスペクトルのパターンは、物質の指紋のようなものです。

物質から出る光のスペクトルには、大きく分けて2種類あります。一つは、虹のように滑らかにつながった「連続スペクトル」です。太陽や白熱電球のように、高温の物体が発する光(20項)は連続スペクトルを示します。

もう一つは、特定の色の光だけが現れる「線スペクトル」です。ネオンサインの赤い光は、ネオンガス特有の線スペクトルです。水銀灯やナトリウムランプも、それぞれ特有の線スペクトルを持っています。

光を色ごとに分けて解析することを「分光」と呼びます。分光を行う分光器の中には、プリズム(10項)や回折格子(13項)という光学部品があり、これらが光を波長ごとに分けます。分光器を使うと、光がどのような色の混ざりで構成されているかスペクトルとして詳しく調べることができます。

分光は、物質の同定に役立ちます。未知の物質のスペクトルを調べれば、それが何であるかを特定することができます。例えば、鉱物や宝石の鑑定に分光が使われます。

また、分光は物質の状態を調べるのにも使われます。例えば、鉄鋼に含まれる不純物の量を分光で調べたり、リサイクルに向けてプラスチックの種類を分光で識別したりすることができます。また、医療分野においては、例えば体の組織を分光することで、がんを診断することが試みられています。

このように、分光は光の成分を分析することで、さまざまな情報を得る重要な技術となっています。

要点BOX
- ●分光は光を色ごとに分けて分析する
- ●連続スペクトルと線スペクトルの違い
- ●分光は物質の同定や状態の分析に役立つ

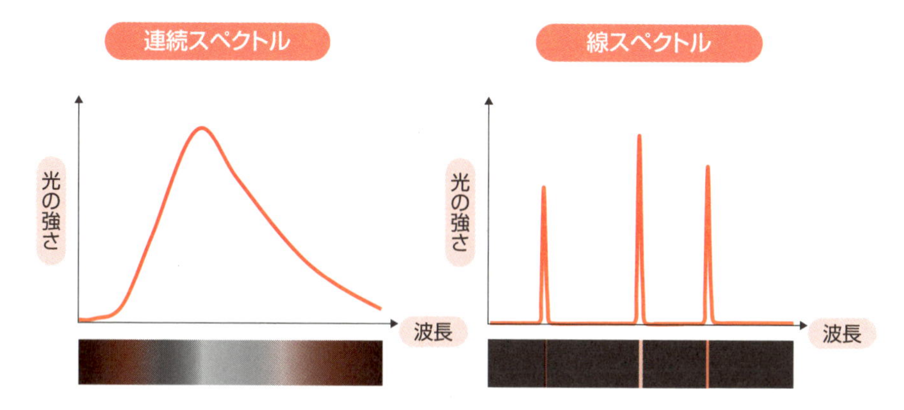

連続スペクトルと線スペクトル
連続スペクトル
線スペクトル
光の強さ
波長
光の強さ
波長

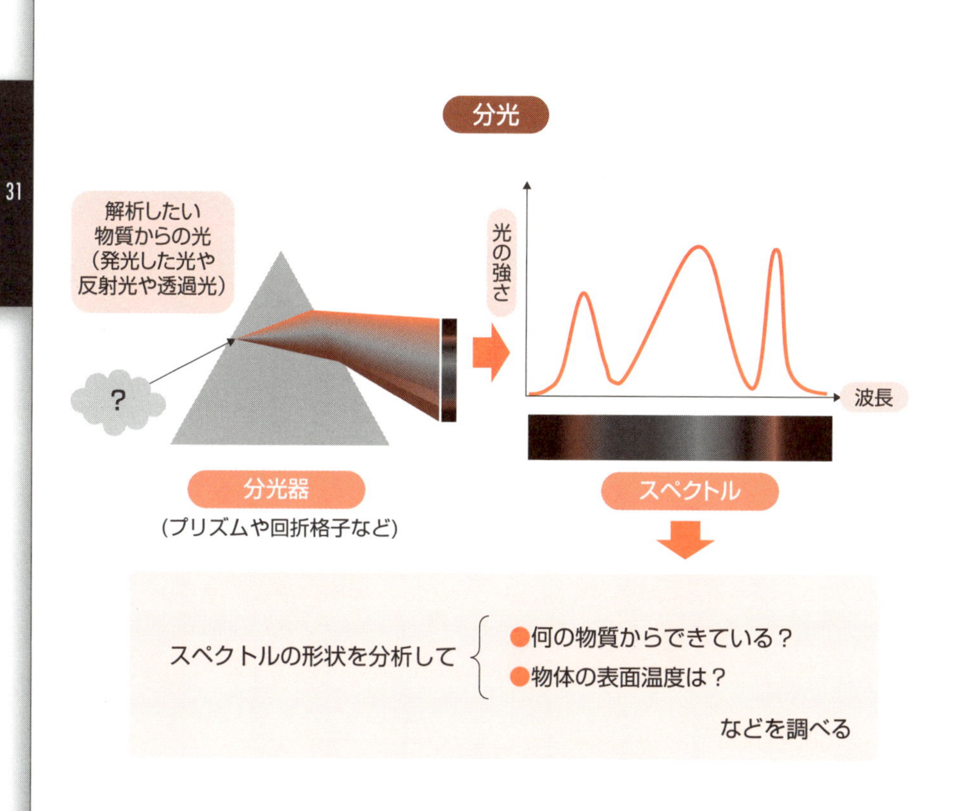

分光
解析したい
物質からの光
（発光した光や
反射光や透過光）
?
光の強さ
波長
分光器
（プリズムや回折格子など）
スペクトル
スペクトルの形状を分析して
●何の物質からできている？
●物体の表面温度は？
などを調べる

12 光の干渉

光の重なり合わせが生み出す現象

8項では光には波としての性質があり、干渉が起きることを解説しました。例えば、シャボン玉の表面で見られる虹色の模様は、光の干渉によって生じています。上図に示すようにシャボン玉の薄い膜の表面と裏面で反射した光が干渉し合うことで、さまざまな色の光が強められたり弱められたりします。シャボン玉の膜の厚さは通常、1㎛（マイクロメートル）ほどで、目で見える光である可視光（10項）の波長に近いです。そのため、特定の波長の光、つまり特定の色の光が強め合い、美しい干渉色が見られます。

ただし、すべての光が同じように干渉するわけではありません。光源によって、干渉を起こしやすい光と起こしにくい光があります。この性質を表す指標として、「可干渉距離」があります。可干渉距離は、光源から出た光が、どれくらいの距離まで干渉を起こす能力を維持できるかを表します。可干渉距離は光源によって大きく異なり、可干渉距離の長いレーザー光（47項）では数mにもなりますが、可干渉距離の短い一般的な電球の光では数㎛程度と短いです。

下図は、光源により発生する波の違いのイメージを示しています。レーザーから出た光は波の位相がそろっており、長い距離にわたって干渉を起こすことができます。一方、電球や太陽光の光は波の波長や位相がばらばらで、干渉を起こしにくい性質を持ちます。

ここまで説明した干渉に関する知識と可干渉距離の概念を使うと、例えばラップフィルムでは、通常、シャボン玉ほど干渉による色の変化は見られないことを説明できます。これは、ラップフィルムでは、その厚さが10㎛ほどと光の波長よりもずっと大きいことと、太陽光や電球など一般的な照明は可干渉距離が短い光源であり、光が干渉を起こしにくい性質を持つためです。

要点BOX
- ●光の干渉は波の重なり合わせ
- ●干渉を起こしやすい光と起こしにくい光がある

シャボン玉が虹色に見える理由

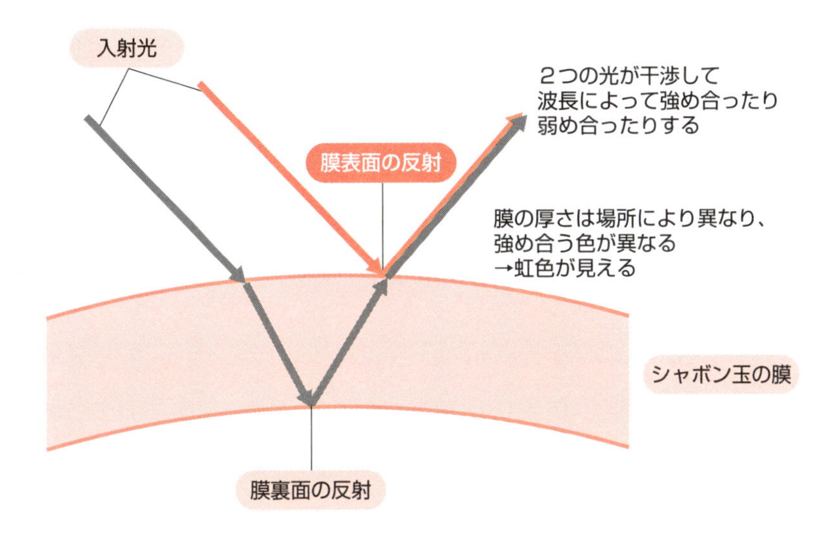

光源により発生する波の違いのイメージ

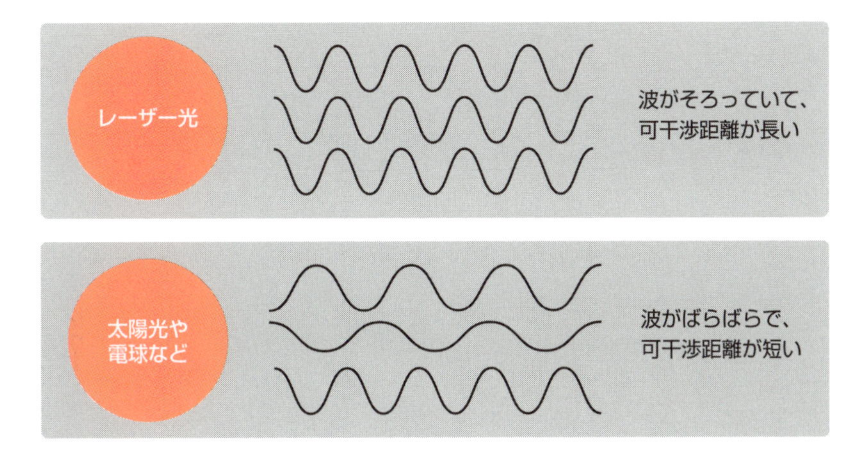

用語解説

マイクロメートル(μm)：1ミリメートル(mm)の1000分の1の長さで、1マイクロメートルは人間の髪の毛の太さの約100分の1程度。

可干渉距離(かかんしょうきょり)：光の波が規則性を保つことができる距離。この距離内で光は干渉を起こす能力を維持する。

13 光の回折

すき間を通り抜けると光は広がる

光はまっすぐに進む性質を持っています（2項）。そのため、壁に開けた穴を光が通過すると、穴の形のまま光が進むと考えられます。しかし、実際には穴が小さくなると、光は穴を通過した後に広がります。この現象を「回折」と呼びます。

上図は、スリットと呼ばれる細いすき間に光を通したときの、スリットの大きさによる光の広がり方の違いを表しています。スリットが光の波長に対して十分大きい場合、光はスリットを通過した後もほぼ直進します。一方、スリットが小さくなると、光はスリットを通過した後に大きく広がります。

なぜ、スリットが小さいと光が広がるのでしょうか？　その理由は、光が波としての性質を持っているからです（8項）。波は、障害物のすき間を通ると、すき間から広がります。すき間が波長より十分大きければ、波はほとんど直進します。しかし、すき間が小さくなっていくと、それに伴いすき間から大きく広がるようになります。

回折は身近な現象の中にも見られます。例えば、ラジオの電波は光と同じ電磁波ですが、ラジオの電波の波長は、光の波長よりもはるかに長いため、建物の陰でもラジオを聞くことができます。これは、電波が回折し、建物の陰にも回り込むためです。一方、光の波長は非常に短いため、建物の陰では光が遮られ、建物の陰は暗くなります。

回折の応用例として、回折格子があります。回折格子は、下図のように、一定間隔で非常に細かいスリットが多数並んだものです。白色光が回折格子を通過すると、各スリットから回折した光が互いに干渉し、波長に応じた特定の方向に強め合います。その結果、虹色の像が見られます。回折格子は、光の色を分析する分光器（11項）などに利用されています。

また、回折現象は、カメラ用の特殊なレンズなど、さまざまな光学機器にも応用されています。

要点BOX

- ●光は障害物のすき間を通ると直進せず広がる
- ●光の波長とすき間の大きさで回折の様子が変わる

光の回折

光を入射

スリット

光はほぼ広がらない
→光は直進する(❷項)

波長に対してスリットの隙間が十分大きい場合

光を入射

スリット

光が回り込んで広がる
→回折

スリットの隙間が小さい場合

回折による波の回り込み

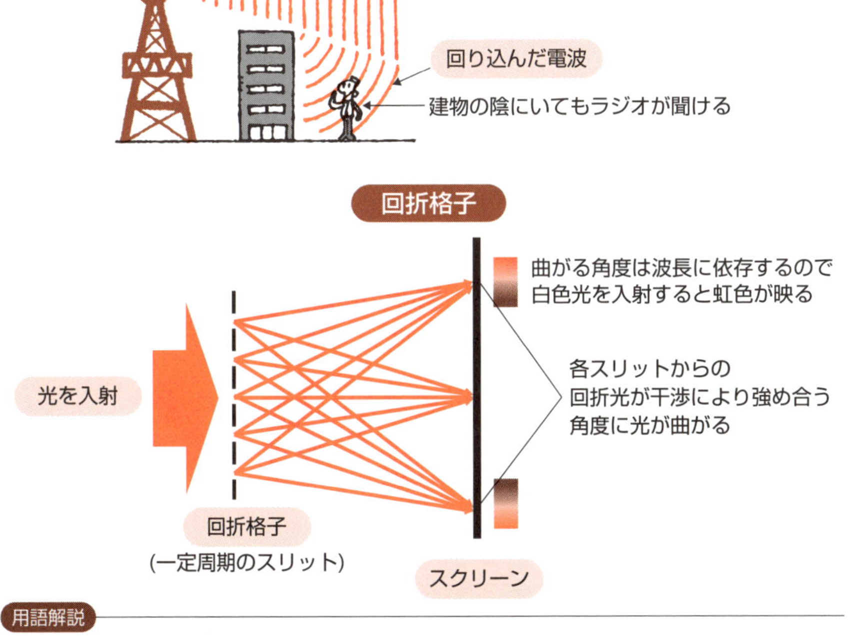

用語解説

分光器(ぶんこうき):光を色ごとに分けて解析する「分光」を行う機器。

14 偏光

光の振動の向き

光には、進む方向とは別に、波としての振動の向きがあります。この振動の向きはさまざまで、太陽光などの自然光はさまざまな方向の偏光が混ざった光（無偏光）ですが、振動方向が規則的な光もあります。このような光を「偏光」と呼びます。偏光には、振動の向きが常に一定の「直線偏光」などがあります。なお、人間の目では基本的に直接偏光の状態を見ることはできません。

偏光を作り出す代表的な方法が、偏光板の利用です。偏光板は、特定の振動面を持つ光だけを通過させ、それ以外の振動面の光を吸収したり、反射したりします。2枚の偏光板を重ねると、それぞれの偏光板の向きによって光の透過量が変化します。偏光板の透過軸が平行なら光が通過し、垂直に交わると光は通りません。液晶（51項）にはこの原理が使われています。

光が物質の表面で反射するときにも、偏光が生じます（下図）。反射光の中には、反射面に平行な振動面を持つ光が多く含まれています。例えば、水面で反射した光は、水面に平行な方向に偏光しています。釣りなどに利用する偏光サングラスは、この性質を利用して、水面のぎらつきを抑えて水の中を見やすくします。

3D映画では、左目用と右目用の映像をそれぞれ異なる偏光状態で映し出します。そして、左右の目に対応した偏光の映像だけが見えるように特殊なメガネを使うことで、左右の目に異なる映像を見せ、立体感を作り出します。

偏光の利用は、自然界でも見られます。例えば、ミツバチは空の偏光状態を元に飛ぶ方向を求めて、巣に戻ることができると考えられています。

このように、偏光は私たちの生活や自然界においてさまざまに利用されています。

要点BOX
- 振動方向が規則的な光を偏光という
- 液晶ディスプレイや偏光サングラスなどに偏光が使われている

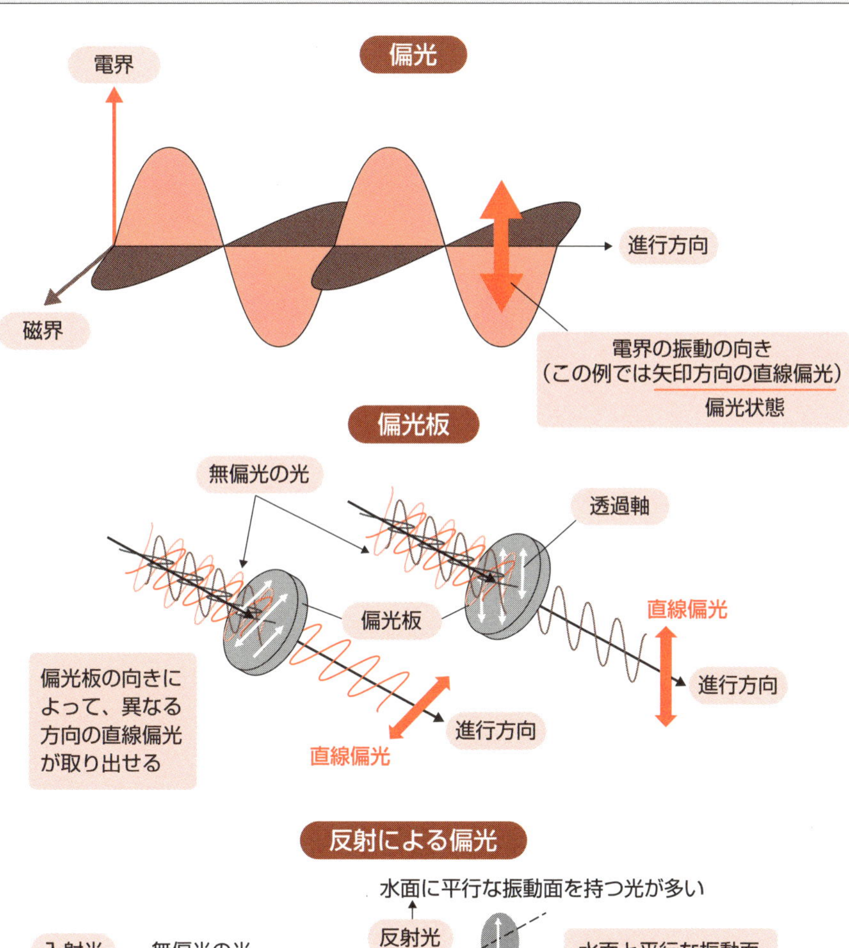

反射による偏光

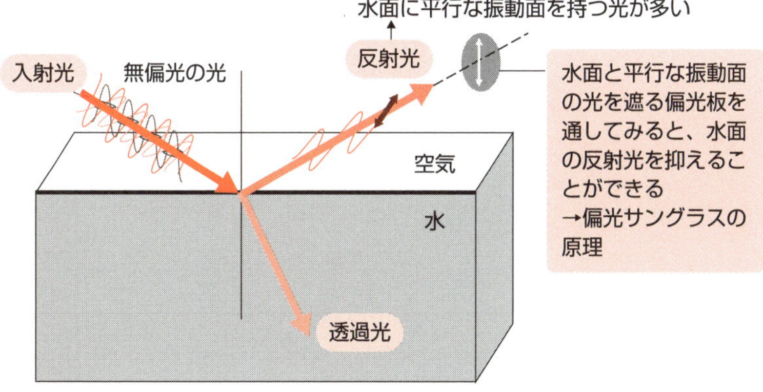

水面と平行な振動面の光を遮る偏光板を通してみると、水面の反射光を抑えることができる
→偏光サングラスの原理

用語解説

偏光（へんこう）：振動方向が規則的な光
直線偏光（ちょくせんへんこう）：振動方向が常に一定の偏光。
偏光板（へんこうばん）：特定の方向に振動する光だけを通す板。

15 幾何光学と波動光学

光を光線と考えるか波と考えるか

光がどのように振る舞うのかを解明することは、光学の大きな目的の一つです。そのアプローチとして、「幾何光学」と「波動光学」があります。

幾何光学は、光を直線的に進む光線として扱います。この扱いは、光の波長に比べて十分に大きな物体を扱う場合に有効です。例えば、カメラのレンズ(2章)やプロジェクタ(55項)など多くの光学機器は、幾何光学に基づき設計されています。幾何光学の大きな利点は、直感的に理解しやすく、数学的な取り扱いが比較的簡単なことです。

例えば、レンズの働きは幾何光学で説明できます。上図のように、対象からの光がレンズで屈折し、像を結びます。このとき、光は直線的に進むと考えます。幾何光学では屈折や反射に基づき光の進み方を計算する「光線追跡(こうせんついせき)」と呼ばれるシミュレーションがよく用いられます。レンズの形状を少しずつ変化させて光線追跡を何度も繰り返し、複雑なレンズ系の設計を行います(34項)。

一方、幾何光学では説明できない現象があります。例えば、干渉(12項)や回折(13項)は、光の波動性(8項)に起因する現象です。また、光の波長に近いサイズの物体を扱う場合、波の性質としての影響が大きくなり幾何光学の近似は成り立ちません。そのような場合は、波動光学が用いられます。

波動光学は、光を電磁波(9項)として扱います。この扱いにより、干渉や回折など、幾何光学では説明できない現象も扱うことができます。波動光学は、光の波動性を利用した光学部品の設計に欠かせません。波動光学の難点は、数学的な取り扱いが複雑になることで、シミュレーションには大規模な計算が必要になることがあります。

そのため、光学機器を設計する際は、対象とする現象の大きさと目的に応じて、幾何光学と波動光学が使い分けられています。

要点BOX

- ●幾何光学は光を直線の光線として扱う
- ●波動光学は光を波として扱い、回折や干渉を説明できる

幾何光学

幾何光学→光を直線的に進む光線と考える

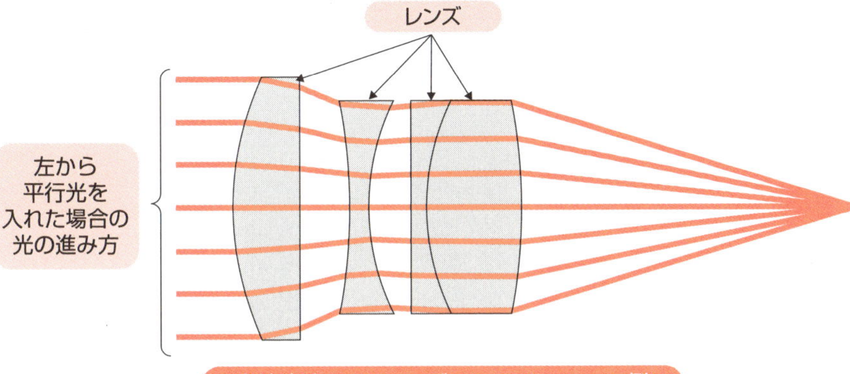

光線追跡によるレンズのシミュレーション例

光の波としての振る舞いは考慮できないが計算が非常に早い

波動光学

波動光学→光を電磁波として扱う

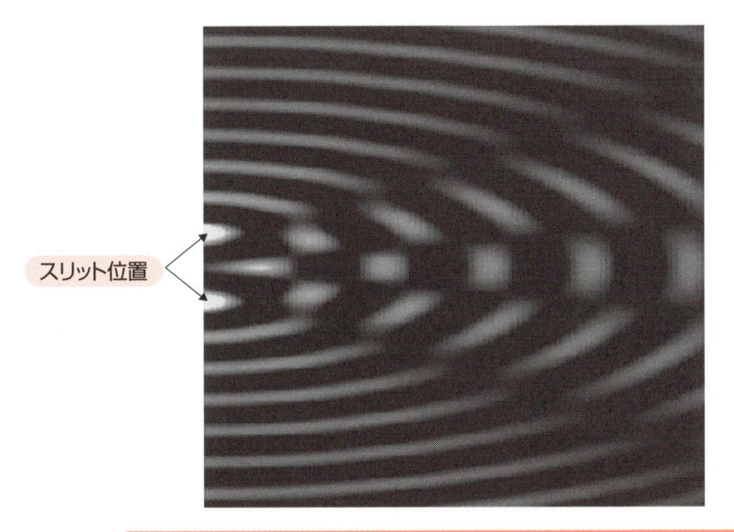

波動光学による2つのスリットからの光の干渉のシミュレーション例

計算に時間がかかるが正確な光の振る舞いを再現可能

16 光の散乱

空が青く見える理由

光は、私たちの身の回りにあるさまざまな物質と相互作用します。その中でも、光が物質に当たって、さまざまな方向に広がる現象を「散乱」といいます。散乱は、光の波長や物質の大きさによって、その性質が変わってきます。

散乱にはいくつかの種類があります。その中で、最も身近な散乱現象に「レイリー散乱」があります。レイリー散乱は、光の波長よりもはるかに小さな粒子による散乱です。太陽光が大気中の窒素や酸素などの分子に当たると、レイリー散乱が起こります。太陽光はさまざまな色の光が混ざっていますが、波長の短い青い光は、波長の長い赤い光よりも強く散乱されるため、空は青く見えます。

では、なぜ夕焼けは赤く見えるのでしょうか？それは、太陽が地平線に近づくにつれて、太陽光が大気中を通る距離が長くなるからです。すると、青い光は散乱されすぎて私たちの目に届きにくくなり、散乱されにくい赤い光だけが私たちの目に届くようになります。これが、夕焼けが赤く見える理由です。

レイリー散乱以外にも、さまざまな散乱現象があります。「ミー散乱」は、光の波長と同じくらいの大きさの粒子による散乱です。雲が白く見えるのは、雲を構成する水滴の大きさは光の波長と同程度で、ミー散乱が起こることが一因です。ミー散乱では、すべての色（波長）の光がほぼ同じように散乱されるため、雲は白く見えます。

同様に、牛乳が白く見えるのも、ミー散乱が関係しています。牛乳の中には、脂肪の粒子が浮遊しています。これらの脂肪粒子の大きさも光の波長と同程度であるため、牛乳に光が当たると、すべての色の光がほぼ均等に散乱されます。その結果、私たちの目には牛乳が白く見えます。

このように、散乱現象は私たちの日常生活のさまざまな場面で見ることができます。

要点BOX
- ●光は空気中の微粒子に当たると散乱する
- ●空が青いことや雲や牛乳が白いのは散乱によるもの

空が青い理由

窒素や酸素などの分子

レイリー散乱による散乱光：
波長の短い青い光が多い

空に青い光が多く見える

大気

地球

夕焼けが赤い理由

昼間に比べて太陽光が大気中を通る距離が長くなる

波長の短い
青い光が散乱

相対的に赤い光の
散乱量が多くなる

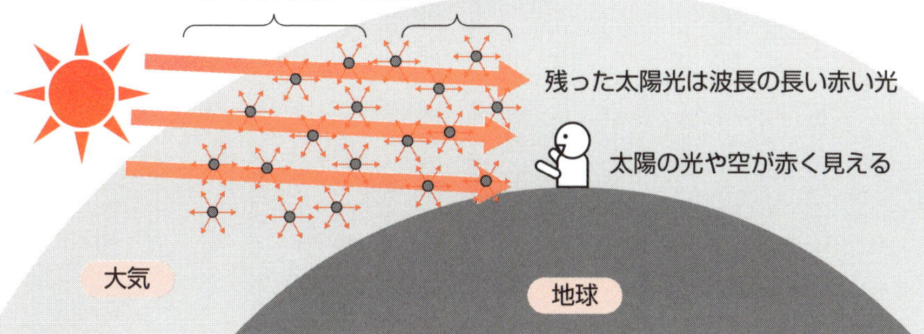

用語解説

レイリー散乱（さんらん）：光の波長よりも小さな粒子による散乱。
ミー散乱（さんらん）：光の波長と同じくらいの大きさの粒子による散乱。

17 光が持つエネルギー

光エネルギーの活用

太陽の光を浴びると、体が温かくなるのを感じます。これは、太陽の光が持つエネルギーが熱に変換されているためです。

光が持つエネルギーによって、物質に光が当たるとさまざまな現象が起こります。その一つに「光電効果」があります。光電効果とは、金属などに光を当てると、電子が飛び出す現象のことです。

物質中の電子は、通常エネルギーの低い状態にいますが、光のエネルギーを受け取った電子は、物質の外に飛び出すことがあります。これが光電効果の基本的なメカニズムです。金属に光が当たると、光のエネルギーを受け取った電子が金属から飛び出します。

光電効果は、太陽光発電に使われる太陽光パネルで利用されています。太陽光パネルには半導体と呼ばれる物質が使われており、この半導体に光が当たると、光電効果によって電子が飛び出します。この電子が電流となって流れ、電気が発生します。

光エネルギーの利用は、太陽光発電だけではありません。植物は、光合成というプロセスによって光エネルギーを化学エネルギーに変換し、成長に必要な栄養分を作り出しています。また、光を使って化学反応を起こす光化学反応は、物質の合成や分解など、さまざまな分野で利用されています。

紫外線などの光エネルギーは殺菌にも使われています。紫外線は、細菌やウイルスなどのＤＮＡに損傷を与え、殺菌効果を発揮します。太陽光を浴びると肌が日焼けし赤くなりますが、これも紫外線が皮膚の細胞にダメージを与えることで起こる現象です。

紫外線の力は、特殊な樹脂を固める（硬化させる）のにも利用できます。紫外線硬化樹脂は、紫外線を当てると分子同士がつながって固まる性質を持っており、レンズの接着や歯の治療などに使われています。

要点BOX

- ●光はエネルギーを持っている
- ●光エネルギーは太陽光発電や殺菌などに利用されている

光電効果

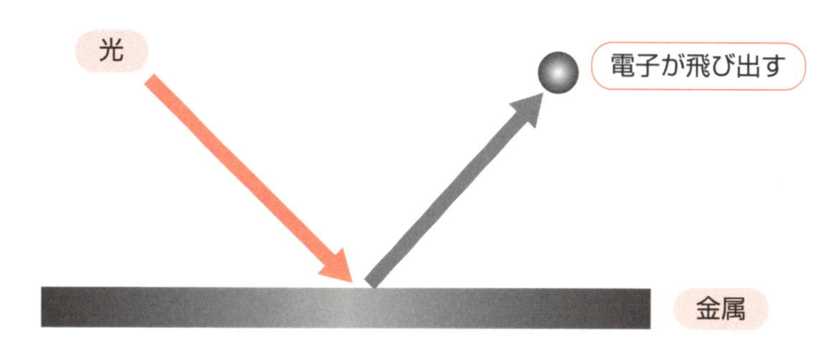

光エネルギーの利用

太陽光発電

植物の光合成

紫外線による殺菌

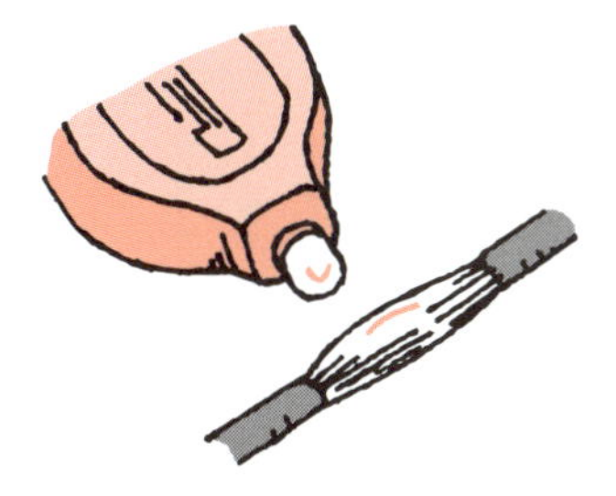

紫外線硬化樹脂による接着

用語解説

光電効果(こうでんこうか)：光を物質に当てると、物質から電子が放出される現象。

18 光の粒子性

光は粒としての性質も持っている

光には波としての性質があることを解説しました（8項）が、実は光は粒としての性質も持っています。

光電効果（17項）は、金属などの物質に光を当てると、電子が飛び出してくる現象です。もし光を波だけでとらえるなら、波長が長い光でも光の強さを強くすれば、電子が飛び出すエネルギーを与えられるはずです。しかし実際には、波長の長い光（例えば赤外線）を強く当て続けても電子は飛び出しません。一方、波長の短い光（例えば紫外線）を弱く当てても、電子が飛び出すことがあります（上図）。

つまり、光電効果において一つの電子が飛び出すかどうかは光の強さではなく、光の波長に依存します。このことから、光は波長に応じたエネルギーを持つ最小単位（粒子）があることがわかります。この光の粒子は「光子（こうし）」と呼ばれます。光子の数が多いほど光は強くなりますが、一つの光子をそれ以上に分けることはできません。

光子は、一つ一つが光の波長が短いほど大きなエネルギーを持っています。例えば、青い光の光子は、赤い光の光子よりもエネルギーが高くなります。物質から電子を飛び出させるためには、ある一定以上のエネルギーが必要です。そのため、波長の短い光を当てると電子が飛び出しやすく、波長の長い光では飛び出しません。波長が短い紫外線が日焼けを引き起こしたり、殺菌に使われたりするのは、光子の持つエネルギーが高いからです。

光の粒子性を扱う光学の分野が「量子光学」です。量子は、物理学において、物質やエネルギーが取り得る最小単位のことです。例えば、電子や光子は量子の一種です。量子光学は光の量子的な振る舞いを扱います。量子光学を活かしてレーザー（47項）や光センサ（49項）、量子暗号通信（69項）などの開発が行われています。

要点BOX

- 光は粒としての性質も持ち、光子と呼ばれている
- 光子のエネルギーは波長が短いほど大きい

光の波長による光電効果の差

波長の短い弱い光(例えば弱い紫外線)

波長の長い強い光(例えば強い赤外線)

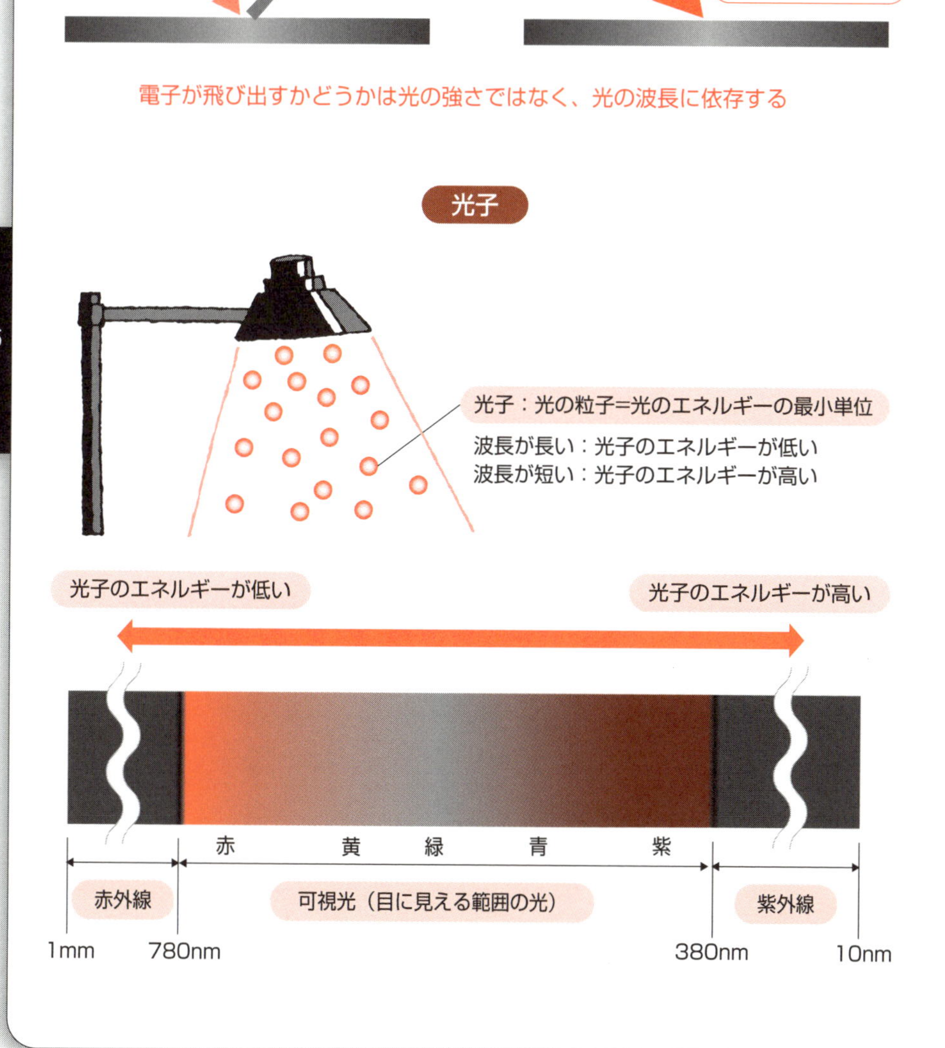

19 発光の仕組み

物質が光を発するメカニズム

光が物質に吸収されると、光が持っていたエネルギーが物質に移動します。私たちが日光浴をすると体が温かく感じるのは、太陽の光が体に吸収され、光エネルギーの一部が熱エネルギーに変換されているためです。吸収された光エネルギーは熱だけでなく、他のエネルギーに変換される場合もあります。

物質が光を吸収すると、物質中の電子が安定した状態（基底状態）から高いエネルギー状態（励起状態）に移ることがあります（上図）。この励起状態の電子は不安定なため、余分なエネルギーを放出して再び基底状態に戻ろうとします。このとき、エネルギーの差に相当する光を放出します（自然放出）。これが発光です。なお、励起状態への移行は光だけではなく、電気などによってもなされる場合があります。

蛍光ペンのインクに紫外線を当てると、インクが光るのは「蛍光」によるものです。蛍光物質の内部では、紫外線などの高エネルギーの光を吸収して励起状態になった電子が、可視光の光を放出しながら基底状態に戻ります。一方、夜光塗料のように、光を当てた後でもしばらく光り続ける現象を「燐光（りん光）」と呼びます。燐光では、励起状態になった電子が少しの間だけ別の状態に移ってから、ゆっくりと基底状態に戻る間に光を放出し続けます。

発光ダイオード（46項）は、電気を流すことで発光する半導体素子です。発光ダイオードでは、電気により電子を励起させ、基底状態に戻るとき光を放出させています。

物質によって、基底状態と励起状態のエネルギーは異なります。そのため、物質の種類によって光の吸収や発光に適した波長が変わります。花火は異なる物質を燃やすことで、炎色反応（特定の元素や化合物を含む物質を火炎中で加熱したときに、その物質に特有の色が炎に現れる現象）を利用してさまざまな色を作り出しています。

要点BOX

- 物質が光やエネルギーを吸収すると、電子が励起状態になる
- 励起状態の電子が基底状態に戻る際、光を放出する

光の吸収と放出

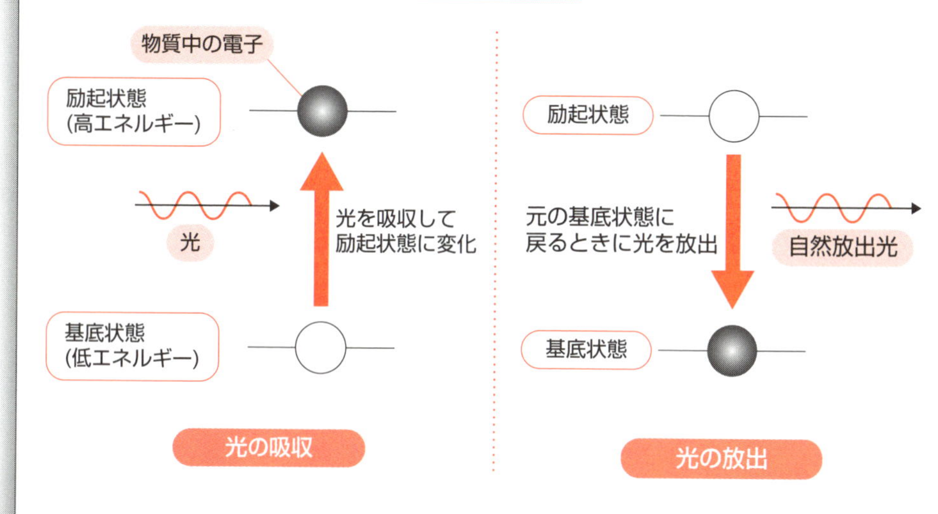

蛍光と燐光

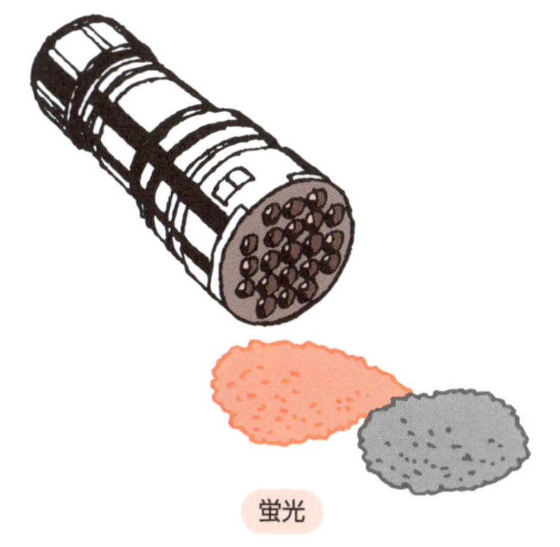

蛍光

紫外線などの光を吸収して励起状態になった電子が、可視光の光を放出しながら基底状態に戻る

燐光(りん光)

励起状態になった電子が少しの間、別の状態に移ってから、ゆっくりと基底状態に戻る間に光を放出し続ける

用語解説

基底状態(きていじょうたい)：物質中の電子が最も安定した低いエネルギー状態にあること。
励起状態(れいきじょうたい)：物質が光やエネルギーを吸収することで、電子が通常よりも高いエネルギーになった状態。

20 熱放射

温度に応じて物質は光を放つ

私たちの身の回りにある物体は、日光を反射したり、電灯の光を反射したりして見えています（3項）。しかし、実は物体は日光や電灯がなくても、わずかに光を出しています。この物体が自ら持つ熱で光を放射する現象を「熱放射」と呼びます。

物体は温度に応じた熱エネルギーを持っています。物体中の原子や分子は、この熱エネルギーによって常に動いています。この運動に伴い電磁波（光）が放出されます。つまり、物体は温度に応じて光を放射しています。

上図は、温度によって黒体が放射する光の波長がどのように変化するかを示しています。黒体とは、入射したすべての電磁波を吸収し、温度に応じて電磁波を放射する理想的な物体です。現実の物質は厳密には黒体ではありませんが、黒体からの熱放射（黒体放射）は温度が決まれば、放射するスペクトルがわかるため、現実の物質が出す光を近似的に説明するのに役立ちます。

黒体は温度が低いときは目には見えない赤外線を放射しますが、温度が上がるにつれて、波長が短くなり、赤からオレンジ、そして可視光の範囲を広く含んだ白っぽい光へと変化していきます。例えば、人体も体温の熱放射により赤外線を放射していますが、体温は低く放射される光は可視光ではないため、人の目では見えません。身近な熱放射の例が、白熱電球です。白熱電球のフィラメントは通電によって高温に熱せられ光を放射します。

熱放射は、さまざまな分野で応用されています。例えば、赤外線サーモグラフィは、物体が放射する赤外線を検出することで、物体の温度分布を可視化しています。そのため、真っ暗な中でも体温を持つ人間を検出することが可能です。また、古くから鍛冶屋は熱放射を活かし、鉄を熱したときの色を見ることで、その温度を推定していました。

要点BOX
- ●物体は温度に応じて光を放射している
- ●白熱電球のフィラメントは熱放射により光る

黒体放射のスペクトル

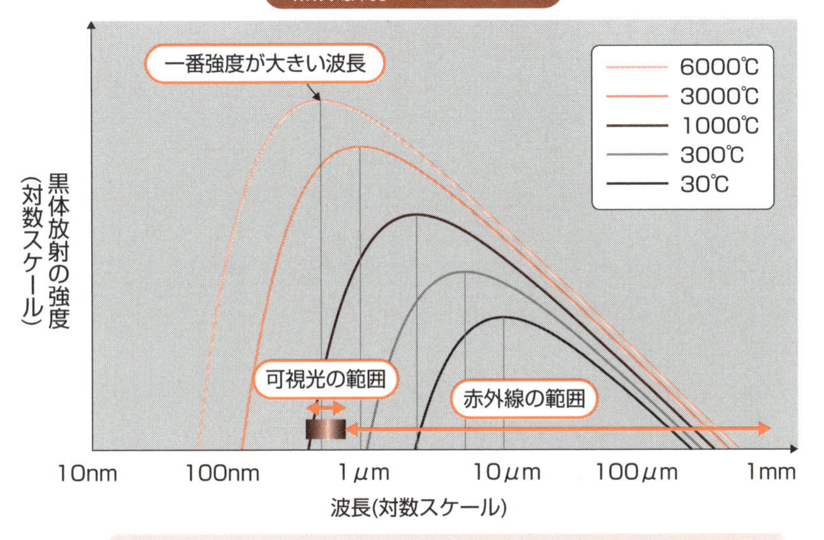

温度が低いときは目には見えない赤外線を放射するが、温度が上がるにつれて、赤い光、オレンジ色の光、可視光の範囲を広く含んだ白っぽい光へと変化する

熱放射の活用例：白熱電球

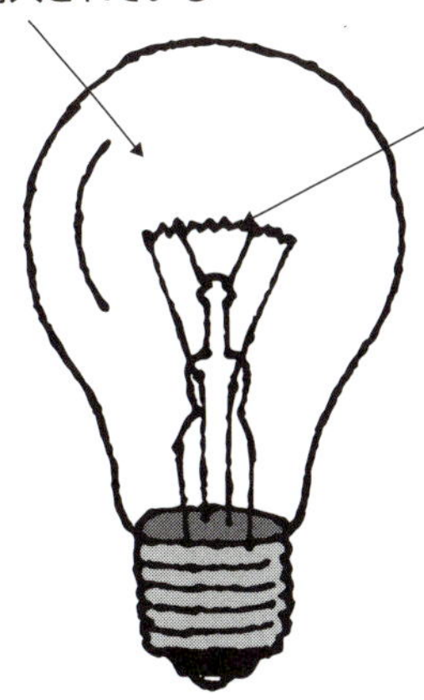

タングステンでできたフィラメント

- 電流を流すと加熱し、2500℃程度となる
- 黒体放射により光を発する

2500℃程度の温度では赤い光が多く、白熱電球の光は真っ白ではなく、若干赤みがかっている

用語解説

黒体(こくたい)：入射したすべての電磁波を吸収し、温度に応じて電磁波を放射する理想的な物体。
黒体放射(こくたいほうしゃ)：黒体からの熱放射。

21 光の強さと明るさ

明るさの単位と人間の明るさの感覚

太陽の下と部屋の中では、明るさが大きく異なります。明るさは光の強さを表す言葉ですが、光の強さをどのように表現するのでしょうか? 光の強さは、物理的には光の波の振幅（8項）の2乗で表されます。波の振幅が大きいほど、光は強く、エネルギーも大きくなります。例えば、車のヘッドライトは、普通の懐中電灯よりもはるかに強い光を出しますが、これはヘッドライトの光が、非常に大きな振幅を持っているからです。

明るさの種類と単位を上図に示します。光の強さを表す物理量として、ある方向への光の強さを示す「光度」があります。光度の単位は「カンデラ（cd）」で、ろうそくの炎の明るさを元にしていました。

一方、「全光束」は光源全体から出ている光の総量を表し、単位は「ルーメン（lm）」です。全光束は光源の明るさを表しますが、空間の明るさなどある面がどのくらい明るいかを表すのが「照度」です。照度の単位は「ルクス（lx）」で、1m^2の面に1ルーメンの光が均等に当たっている状態を1ルクスと定義しています。上図に示すように同じ全光束の光源でも、光が広がる範囲が広いと照度は低くなります。

一方で、私たち人間が感じる「明るさ」は、光の強さとは少し違った性質を持っています。人間は、光の強さに単純に比例して明るさを感じているわけではありません。例えば、太陽光の下では数万ルクスもの明るさがあるのに対して、夜には50ルクス程度の明るさしかない場合でも十分に明るく感じます。

私たちが感じる明るさは、明るさの変化にも影響されます。暗い場所から明るい場所に出ると、最初はまぶしく感じますが、次第に目が慣れてきます。これは目の感度が明るさに合わせて変化するためです。これを「明順応（めいじゅんのう）」と呼びます、また反対に暗い場所へ目が慣れることを「暗順応（あんじゅんのう）」と呼びます。

要点BOX

- ●物理的な光の強さは波の振幅の2乗で決まる
- ●さまざまな明るさの種類と単位がある
- ●光の強さと人間の明るさの感覚とはズレがある

明るさの種類と単位

光源から出ている光の総量：全光束
単位：ルーメン(lm)

ある面がどのくらい明るいか：照度
単位：ルクス(lx)

ある方向への光の強さ：光度
単位：カンデラ(cd)

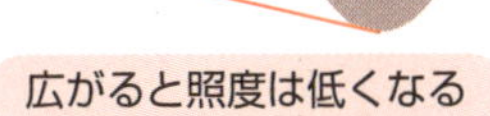

人間の明るさの感覚

明るさの感覚は光の強さに単純に比例しない

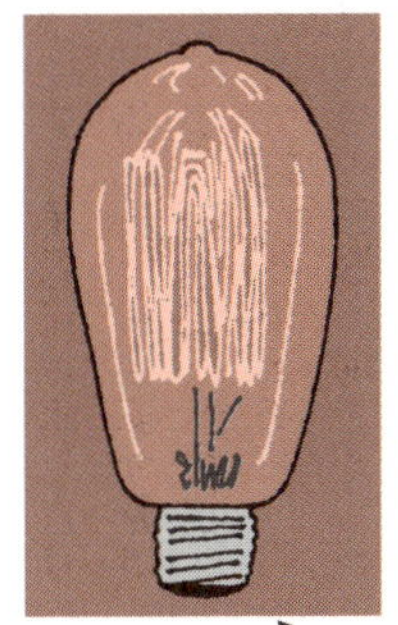

明るさ１

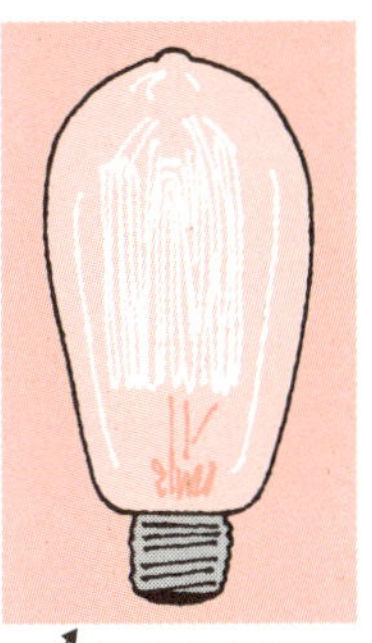

明るさ１００

１００倍も明るさに差があるように感じない

明るさの変化に影響される

トンネルを出たところは
最初は明るすぎて眩しい
がしばらくすると同じ明
るさでも眼がなれる

用語解説

光度(こうど)：ある方向への光の強さを表す物理量。単位はカンデラ(cd)。
全光束(ぜんこうそく)：光源全体からどれだけの光が出ているかを表す単位。単位はルーメン(lm)。
照度(しょうど)：１m^2あたりにどれだけの光が当たっているかを表す単位。単位はルクス(lx)。

Column

物理現象と錯視が作り出す視覚のトリック

私たちの視覚は、時に目の前の現実とは異なる像を見せることがあります。これには、物理現象によって引き起こされるものと、脳の情報処理過程で生じる「錯視（さくし）」の2種類があります。

まず、物理現象による見え方の変化をいくつか紹介します。代表的な例として、水中にいる魚やプールの水底が実際よりも浅い位置に見える現象があります（図）。これは光の屈折（4項）が原因です。水中から出てきた光が空気との境界で屈折するため、これらが持ち上がって見えます。この現象により、プールや海で泳ぐ際に水深を実際よりも浅く見積もってしまい、事故につながる場合があります。

暑い日に遠くの道路を見ると、道路の表面に水たまりがあるように見える「逃げ水」も物理現象の一つです。実際には水たまりはなく、地面近くの空気が熱せられて密度が変化し、光が屈折することで起こる現象です。同様の原理で、砂漠や海上でも蜃気楼を見ることができます。

次に、脳の情報処理過程で生じる錯視について紹介します。実際には大きさは変わっていないのですが、日の出や日没時に、太陽が普段よりも大きく見えることがあります。これは脳の解釈によって起こる錯視です。原因として、地平線付近にある物体（建物や山など）と比較することで、私たちの脳が太陽を実際よりも大きく感じているという説があります。

また、縦縞のシャツを着ると痩せて見えるという現象も、脳の解釈による錯視の一種です。縦線は物体を実際よりも細長く見せる効果があり、脳がその情報を「痩せて見える」と解釈しているのです。

これらの現象は、時として私たちを惑わせることもありますが、より効果的な路面標示の設計や、建築物、ファッションなどのデザインに役立てられています。

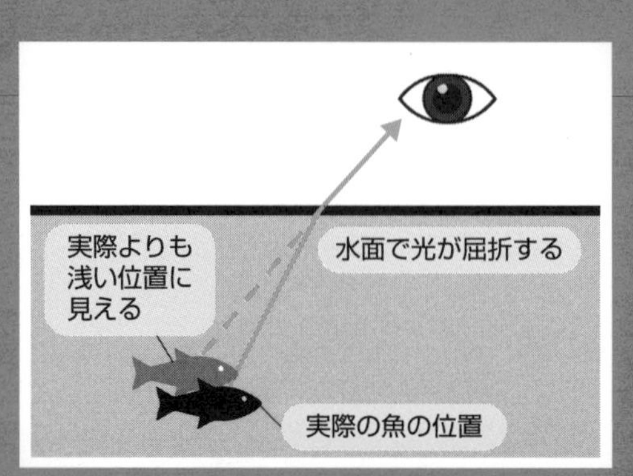

第2章 レンズとカメラの基本

22 カメラの仕組み

写真や動画はどのように写るのか？

写真や動画を撮るために使うカメラはどのような仕組みなのでしょうか？ カメラは大きく分けると、レンズ（24項）、絞り、シャッター、撮像素子（50項）（デジタルカメラの場合）またはフィルム（フィルムカメラの場合）の4つの部分からなります。

まず、レンズの役割は、被写体からの光を結像させて、撮像素子やフィルムの上に像を作ることです。

次に、絞りの役割は、レンズを通る光の量を調節することです。絞りは、レンズ内部にある複数の羽根で構成された部品で、羽根の開き具合を調整することで、レンズを通る光の量を変えられます。絞りを大きく開くとたくさんの光が入り、絞りを小さくすると少しの光しか入りません。

シャッターの役割は、光がフィルムや撮像素子に当たる時間を調節することです。シャッターは、レンズとフィルムまたは撮像素子の間にある部品で、シャッターが開いている時間が長いほど、たくさんの光がフィルムや撮像素子に当たります。

フィルムカメラでは、光に反応する化学薬品を塗ったフィルムに像が記録されます。一方、デジタルカメラでは、撮像素子と呼ばれる電子部品が光を電気信号に変換し、その信号を処理することで写真や動画が作られます。撮像素子は、小さな光のセンサ（画素）がたくさん集まってできています。

カメラにはいくつかの種類があります。一眼レフカメラは、内部の鏡で像を反射させて、撮影者はファインダを通してレンズが捉えている像を直接確認できます。一方、ミラーレスカメラは鏡がないため、撮影者は電子ビューファインダや液晶モニタで像を確認します。ミラーレスカメラは一眼レフカメラよりも小型軽量なのが特徴です。スマートフォンのカメラもミラーレスカメラと同じ仕組みで、高性能なレンズや小型の撮像素子、画像処理技術（41項）によって、きれいな写真や動画を撮ることができます。

要点BOX

- ●レンズで結像し、絞りとシャッターで光の量を調節
- ●撮像素子やフィルムに像が記録される

カメラの基本的な構成

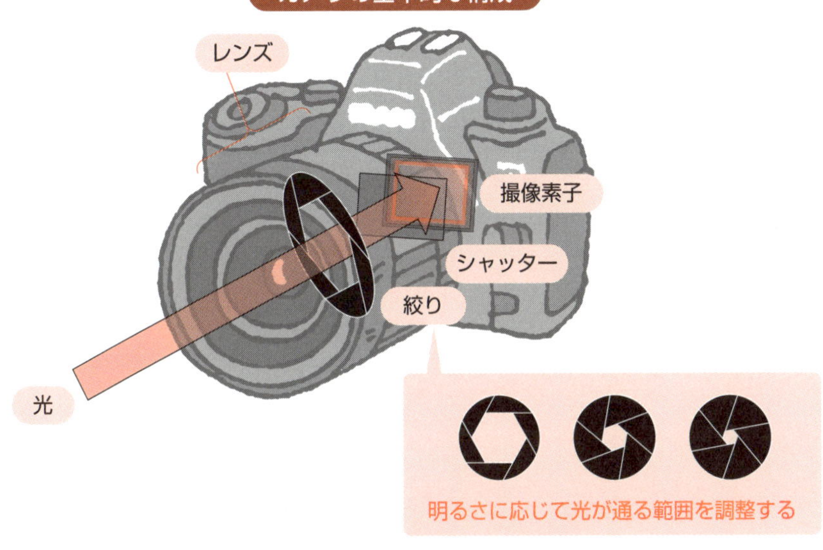

一眼レフとミラーレスカメラ

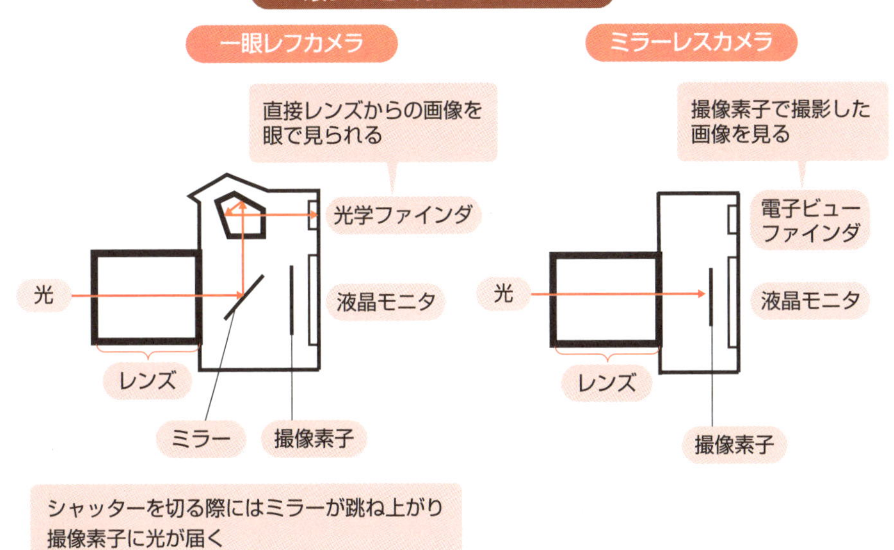

用語解説

絞り(しぼり)：レンズに入る光の量を調整する部品。
シャッター：フィルムや撮像素子に光が当たる時間を調整する部品。
撮像素子(さつぞうそし)：デジタルカメラで、光を電気信号に変換する電子部品。
画素(がそ)：画像を構成する最小単位。１つの画素が光の強さの情報を持つ。画素が多いほど、写真の解像度が高くなる。

23 フィルム撮影とデジタル撮影

画像を記録する2つの方法

写真を撮るための方法には、大きく分けてフィルム撮影とデジタル撮影があります。

フィルム撮影では、感光剤と呼ばれる光に反応する化学薬品を塗った写真フィルムが画像の記録に使われます。カメラのレンズを通して入ってきた光が、このフィルム上の感光剤に当たると、光の強さに応じて感光剤に化学変化が起こります。フィルム撮影では写真の撮影が終わった後、フィルムを現像処理する必要があります。現像処理では、感光剤に起こった化学変化を定着させ、可視化します。

一方、デジタル撮影では、カメラ内の撮像素子（50）と呼ばれる電子部品が光を電気信号に変換することで、データとして画像を記録します。撮像素子で光を電気信号に変換した後は、カメラ内部において画像処理（41項）が行われ、デジタルで表現された画像データ（40項）が記録されます。

デジタル撮影の利点は、撮影後すぐに結果を見ることができることや、撮影後に容易にさまざまな画像処理ができることです。デジタルデータとして記録された画像は、明るさや色合い、コントラストなどを自由に調整できます。また、画像の一部を切り抜いたり、別の画像と合成したりするのも容易です。

さらに、デジタル撮影を行う最近のデジタルカメラの多くは、きれいに見えるように撮影時に各種の画像処理を自動で行ってくれます。例えば、逆光で撮影した際に自動で露出を補正したり、夜景撮影時にノイズを低減したりする機能があります。また、画像認識技術（44項）により顔を検出して肌を滑らかに見せる処理を行うカメラもあります。

近年は撮像素子や画像処理技術の発展によりデジタル撮影の画質が向上し、多くの人がスマートフォンのカメラなどを用いて写真を撮るようになっています。一方、フィルム撮影した写真にも独特の魅力があります。

要点BOX

- ●フィルム撮影は感光剤により画像を記録
- ●デジタル撮影は撮像素子で光を電気信号に変換して画像を記録

フィルム撮影

光学系

写真フィルム上に像を作る

写真フィルム

感光剤により光を記録

現像処理

化学変化を定着させ、可視化

印画紙にプリント

デジタル撮影

光学系

撮像素子上に像を作る

撮像素子

光を電気信号に変換

画像処理

画像を調整

画像データをデジタルデータとしてメモリに記録

用語解説

デジタル：情報を0と1など離散的な数値の組み合わせで表現する方式。
感光剤(かんこうざい)：光が当たると化学変化を起こす薬剤。写真フィルムに塗られている。
露出(ろしゅつ)：撮像素子や写真フィルムに当たる光の量。

24 レンズが像を作る仕組み

光を曲げて像を結ぶレンズの働き

暗い部屋の壁に小さな穴を開けると、外の景色が上下左右反転した像となって映ります。このような仕組みのカメラを「ピンホールカメラ」と呼びます。ピンホールカメラは原理がとても単純で、光が直進する性質（2項）を利用しています。しかし、小さな穴を通ってくる光はとても弱いため、撮影を行うためには長い時間光を当て続ける必要があります。穴を大きくすると、より多くの光が入るので明るくなりますが、光が一点に集まらず、像がぼやけてしまいます。

そこで、より多くの光を集めて明るい像を作るためにガラスやプラスチックでできた透明な部品であるレンズが使われます。レンズを使うと、光を屈折（4項）させることができ、ピンホールカメラよりも大幅に像を明るくできます。光がレンズに入ると、レンズの形状に応じて光の進む方向が曲げられ像が作られます。このように、レンズなどを用いて被写体の像を作ることを「結像」と呼び、結像のための光学系を「結像光学系」と呼びます。

ただし、単純なレンズでは、光がきれいに結像せず、像がぼやけてしまう問題があります。これを収差（29項）と呼びます。そこで、カメラ用のレンズでは、複数のレンズを組み合わせたり（組み合わせレンズ）、レンズの形状を工夫したりすることで、収差を減らしています。

レンズ材料の分散（10項）のため、色ごとに像の位置がずれたり、ぼやけてしまったりする収差もあります。これを色収差（31項）と呼びます。色収差を抑えるため、異なる材質のレンズを組み合わせるなどの工夫が行われています。

下右図はレンズの構造の一例です。複数のレンズが組み合わされており、収差が小さくなるようにそれぞれのレンズの形状や材質、配置が工夫されています。

●ピンホールカメラは光が直進する性質を利用して像を作る
●レンズは光を屈折させて像を作る

ピンホールカメラ

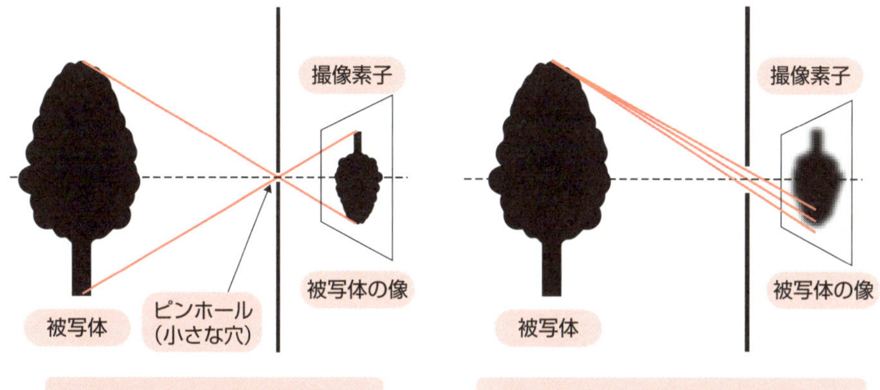

光の直進性を利用して像を作る
ピンホールは小さいため像は暗い

もし穴を大きくすると像は明るくなるが
光が一点に集まらず像がぼやける

レンズを用いたカメラ

撮像素子

被写体の像

レンズ

被写体

光を屈折させて一点に集めることができるため、
ピンホールカメラよりも大幅に像を明るくできる

3枚組み合わせレンズの例

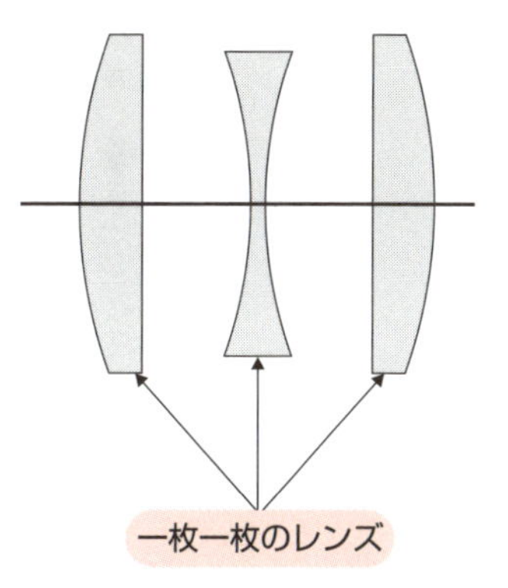

用語解説

収差(しゅうさ)：レンズを通った光が理想的な位置に集まらないこと。
分散(ぶんさん)：光の波長によって物質の屈折率が変化する現象。
結像光学系(けつぞうこうがくけい)：レンズなどを用いて被写体の像を作る「結像」のための光学系。

25 レンズの種類と形状

さまざまな形状のレンズ

レンズは透明な材質（ガラスやプラスチックなど）でできており、光を屈折させることで、光を集めたり広げたりする働きを持っています。

基本的なレンズとして、球面の一部を切り取った「球面レンズ」があります。上図は代表的な球面レンズの種類を示しています。凸レンズや凹レンズ（6項）の中にも、さまざまな種類があります。これらのレンズは、その形状に応じて光の屈折の仕方が異なります。球面レンズは、一定の曲率半径（球の中心から球面までの距離）を持つ球面の一部を使うため、比較的作りやすいというメリットがあります。しかし、光が一点に結像せず、収差（29項）が生じやすいというデメリットもあります。そのため、球面レンズのみで収差を十分小さくしようとすると、多くのレンズの組み合わせが必要となる場合があります。

これを解決するために使われるのが「非球面レンズ」です。非球面レンズは、球面とは異なる形状を持つレンズで、収差を大幅に減らし、レンズの枚数を減らすことができます。しかし、非球面レンズは、複雑な形状を持っているため、製造が難しく、コストも高くなります。そのため、かつては限られた場合のみ使われていました。しかし最近では、製造技術の進歩により、非球面レンズの製造コストが下がってきました。また、スマートフォンのカメラなどに小型で高性能なレンズが求められるようになり、非球面レンズもよく使用されるようになっています。

レンズを薄く軽量化する技術として、「フレネルレンズ」というものもあります。フレネルレンズは、レンズを同心円状に分割し、各部分に段差をつけて並べたものです。フレネルレンズはレンズを薄く軽量化できるため、灯台の明かりなどに使われています。

このように、レンズにはさまざまな種類や形状があり、それぞれの特性を活かして活用されています。

要点BOX

- ●球面レンズは球面の一部を切り取った形状のレンズ
- ●非球面レンズは球面とは異なる形状のレンズ

球面レンズ

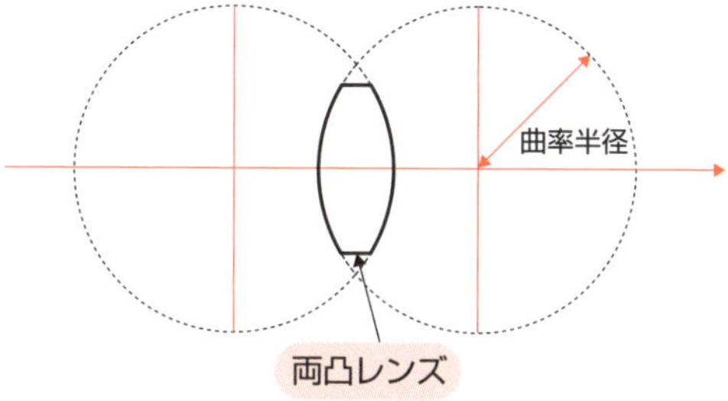

曲率半径

両凸レンズ

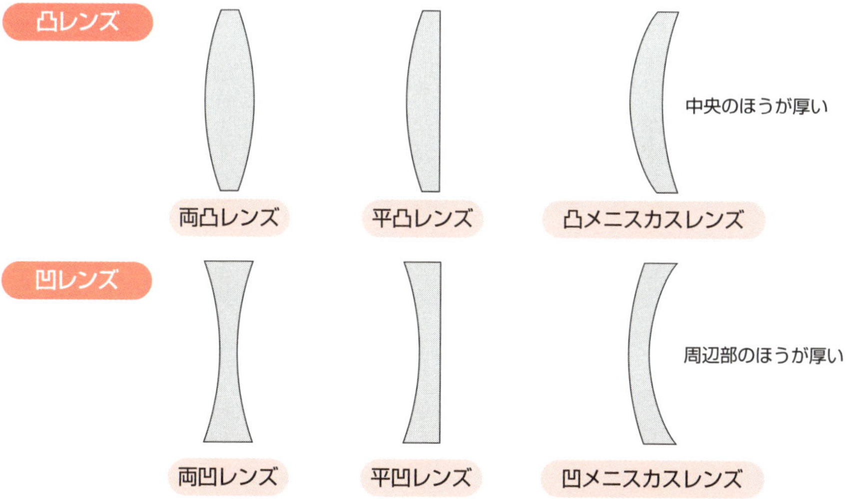

凸レンズ

中央のほうが厚い

両凸レンズ
平凸レンズ
凸メニスカスレンズ

凹レンズ

周辺部のほうが厚い

両凹レンズ
平凹レンズ
凹メニスカスレンズ

非球面レンズ

収差により像がぼやける
収差が減らせる
球面と異なる形状

球面レンズ
非球面レンズ

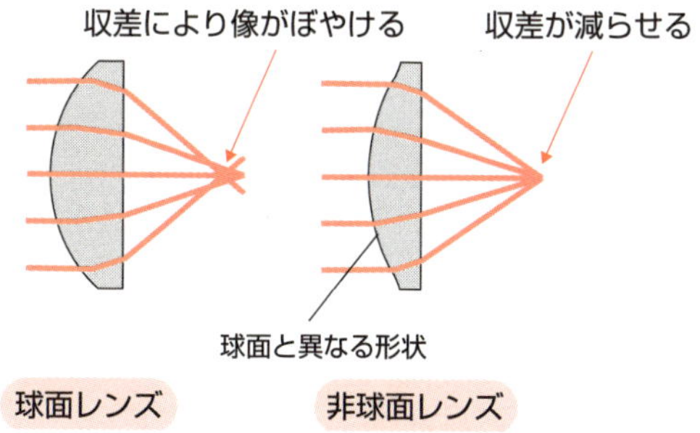

フレネルレンズ

元のレンズ

フレネルレンズ

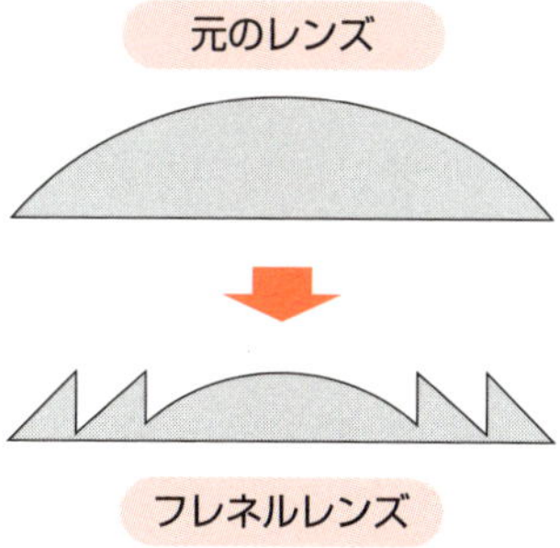

26 レンズの主点

レンズの基準点

　レンズを通る光を考えるとき、基準となる点があると便利です。この基準点を「主点」と呼びます。主点は、レンズを通る光が屈折する際の基準となる点で、レンズの光学的な中心と考えることができます。
　上図は、平凸レンズの主点と焦点距離（27項）を示しています。主点は図のように平行な入射光と焦点からの光線をそれぞれ延長した直線の交点に基づく位置に存在し、作図によって求めることができます。主点は「薄肉レンズ」を考えたときの光学中心（レンズの中心）に相当します。薄肉レンズとは、レンズの厚さが十分に小さいレンズのことで、理想的な薄肉レンズを仮定すると、レンズの厚さを無視して考えることができます。また、光がレンズに入射する方向の差で「前側主点」と「後側主点」とがあります。
　主点を知ることで、焦点距離を正確に定義することができます。焦点距離は、主点から焦点までの距離として定義されます。つまり、前側主点から焦点までの距離、あるいは後側主点から焦点までの距離が焦点距離となります。これにより、レンズの形状や厚さに関わらず、焦点距離を一貫して定義できます。
　複数のレンズを組み合わせた組み合わせレンズ（24項）の場合も同様に光線の作図により主点を求めることができます。主点を考えることで、組み合わせレンズも一枚の薄肉レンズとして考えることができるようになります。例えば、カメラのレンズは複数のレンズを組み合わせて作られていますが、その全体としての主点と焦点距離が重要になります。
　場合によっては、下図のように主点がレンズの外側に位置することがあります。一眼レフカメラ（22項）はレンズと撮像素子との間にミラーが存在します。そのため、焦点距離が短いレンズでは、ミラーがある位置を避けつつ焦点距離を短くする必要があり、このような構成となる場合があります。

要点BOX
- ●主点はレンズの光学的な中心となる基準点
- ●焦点距離は主点から焦点までの距離
- ●複数レンズでは全体で一つの主点を考える

平凸レンズの主点

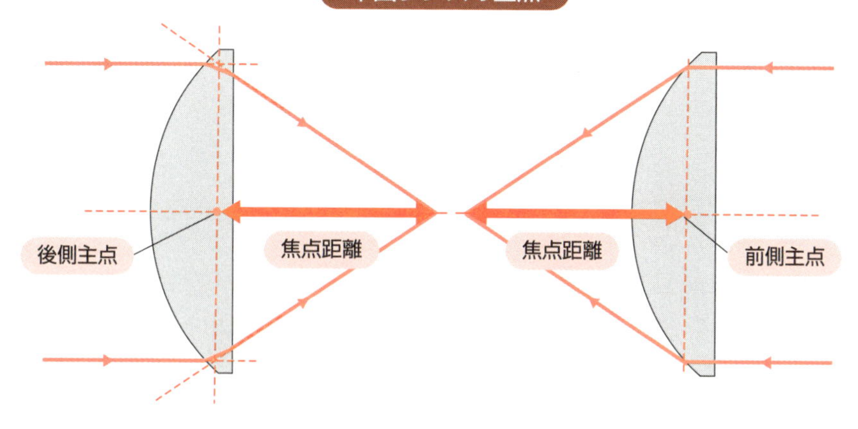

複合レンズの主点の例

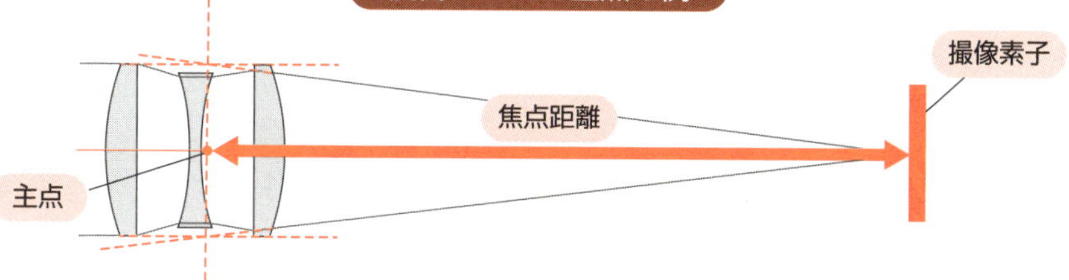

主点がレンズの内側にある例

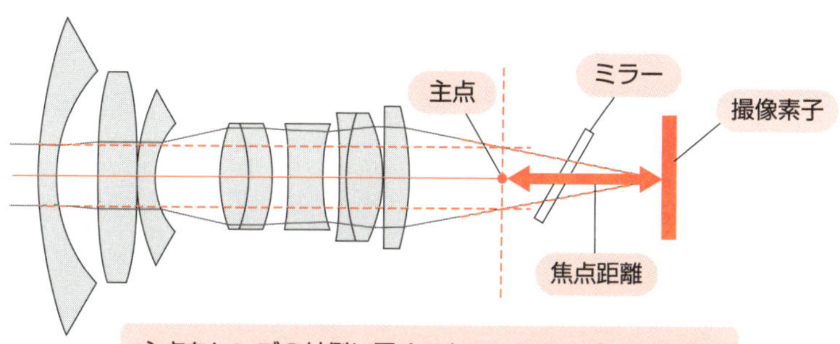

主点をレンズの外側に置くことで、ミラーがある位置を避けてレンズを配置しつつ焦点距離を短くできる

主点がレンズの外側にある例

用語解説

主点(しゅてん)：レンズを通る光の屈折の基準となる点。
薄肉(うすにく)レンズ：レンズの厚さが十分に小さいレンズのこと。
焦点距離(しょうてんきょり)：レンズがどのくらい光を曲げるかを表す指標で、レンズの特性を決める重要な値。

27 レンズの焦点距離

レンズの光を曲げる強さ

レンズを使うカメラなどの光学機器では、「焦点距離」という言葉がよく使われます。焦点距離は、レンズがどのくらい光を曲げるかを表す指標で、レンズの特性を決める重要な値です。

上図は凸レンズと凹レンズの焦点距離を示した図です。凸レンズは光を集める働きを持ち、平行に入射した光は一点に集まります。この一点を焦点と呼び、主点（26項）から焦点までの距離が焦点距離です。つまり、焦点距離が短いレンズほど、光を大きく曲げ、焦点距離が長いレンズほど、光を小さく曲げることになります。

一方、凹レンズは光を広げる働きを持ちます。凹レンズを通過した平行光は、実際には広がっていきますが、その光を逆に延長していくと、レンズの前側の一点で交わるように見えます。この点を焦点として考えます。これは実際には存在しない焦点なので「虚焦点」とも呼びます。

レンズの曲率半径が小さいほど焦点距離は短くなります。また、レンズの材料の屈折率が大きいほど光が大きく曲がるので焦点距離が短くなります。

カメラ用のレンズはいくつものレンズの組み合わせ（組み合わせレンズ）になっています（24項）。組み合わせレンズでは、それぞれのレンズの焦点距離だけでなく、レンズ間の距離も全体の焦点距離に影響します。組み合わせレンズ全体の焦点距離は、レンズの組み合わせ方によって決まります。

レンズの焦点距離は、写真撮影において、被写体の大きさや写真に写る範囲へ影響を与える重要な要素です（28項）。カメラやレンズを選ぶ際や、写真の表現方法を考える際に、焦点距離の理解は重要となります。

要点BOX

- ●焦点距離はレンズの集光・発散能力を表す
- ●主点から焦点までの距離が焦点距離
- ●凹レンズの焦点距離は虚焦点までの距離

焦点距離

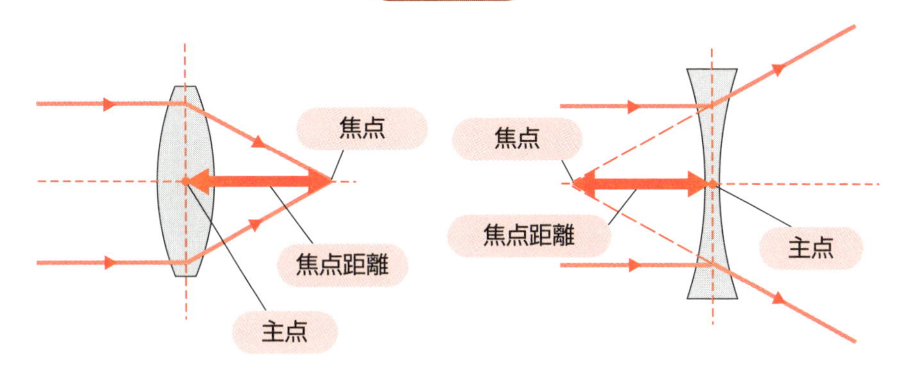

曲率半径と屈折率の焦点距離への影響

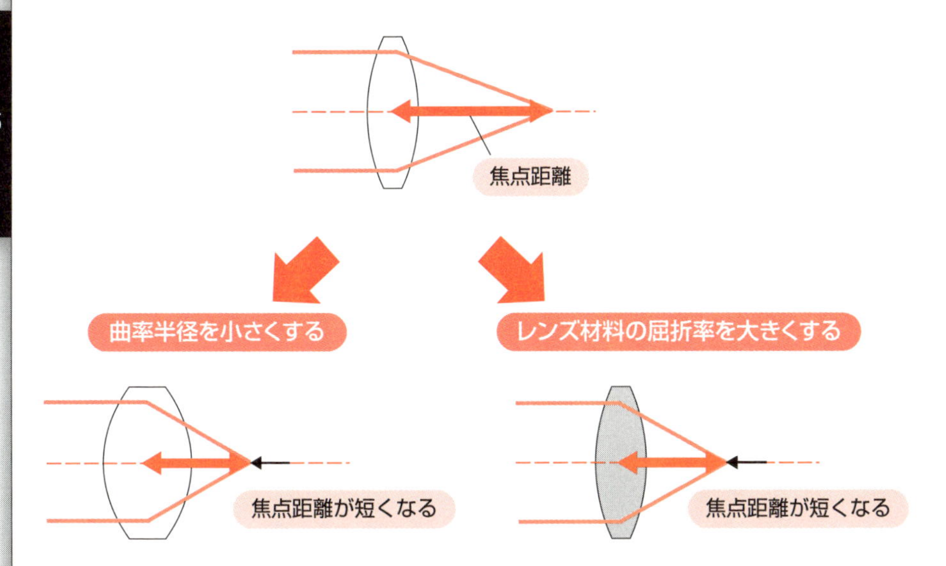

光をより強く曲げるため、光が集まる点がレンズに近くなり、焦点距離が短くなる

用語解説

虚焦点（きょしょうてん）：凹レンズなどで、実際に光が集まるわけではないが、レンズを通過した光を逆にたどっていくと、あたかもレンズの一点から出ているように見える点。

28 レンズの画角と明るさ

写真の写り方を決めるレンズの仕様

カメラで写真を撮るとき、写る範囲は使用するレンズによって大きく変わります。また、写真がどのくらい明るく写るかも、レンズによって異なります。これらを決める重要な要素が、レンズの「画角」と「明るさ」です。

まず、画角について見ていきます。画角とは、レンズを通して見える範囲のことを指します。広い範囲が写るレンズは画角が広い、狭い範囲しか写らないレンズは画角が狭いと言います。例えば、風景写真を撮るときに使われる広角レンズは画角が広く、遠くの動物を撮影するときに使われる望遠レンズは画角が狭くなっています。

画角は、レンズの焦点距離（27項）と撮像素子（またはフィルム）の大きさによって決まります。焦点距離が短いほど画角は広くなり、焦点距離が長いほど画角は狭くなります。また、同じ焦点距離のレンズでも、撮像素子（50項）が小さいカメラほど画角は狭くなります。

次に、レンズの明るさについて見ていきます。レンズの明るさは、どれだけ多くの光を集められるかを表す指標です。明るいレンズほど、暗い場所でも明るく撮影をすることができます。また、明るいレンズを使用することで、同じ明るさの写真を撮影する場合にも、シャッターを開ける時間を短くして一瞬を捉えることができるため、手ブレを減らせるほか、動きのある被写体もぶれずに撮影できます。

レンズの明るさを表す指標として、F値があります。F値は、レンズの焦点距離を有効口径（実際に光が通る穴の直径）で割った値です。F値が小さいほど、明るく撮影できます。ただし、F値を小さくするほどレンズの製造が難しくなり、大型化や高価格化の原因となります。なお、カメラのレンズには、絞り（22項）という機構が付いていて、F値を調整することができるようになっています。

要点BOX

- ●画角は写真に映る範囲を決める
- ●画角は焦点距離と撮像素子の大きさで決まる
- ●明るさはF値で表される

画角

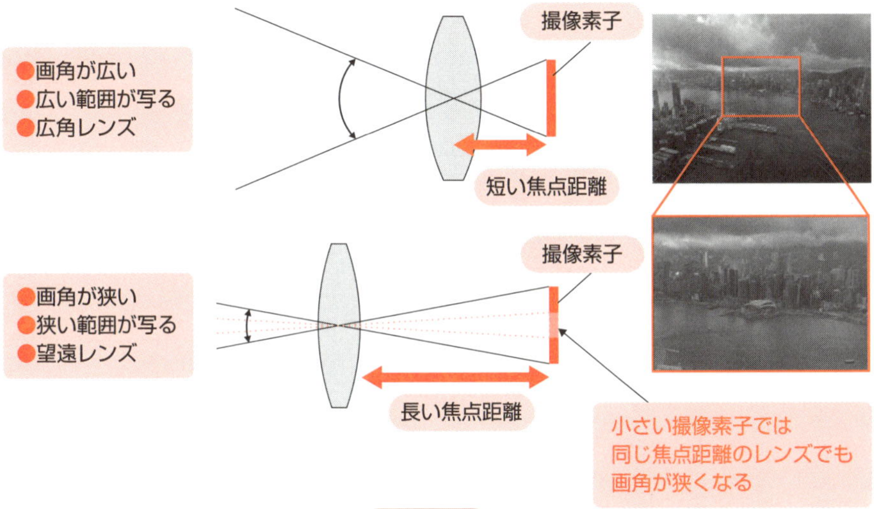

●画角が広い
●広い範囲が写る
●広角レンズ

撮像素子

短い焦点距離

●画角が狭い
●狭い範囲が写る
●望遠レンズ

撮像素子

長い焦点距離

小さい撮像素子では
同じ焦点距離のレンズでも
画角が狭くなる

明るさ

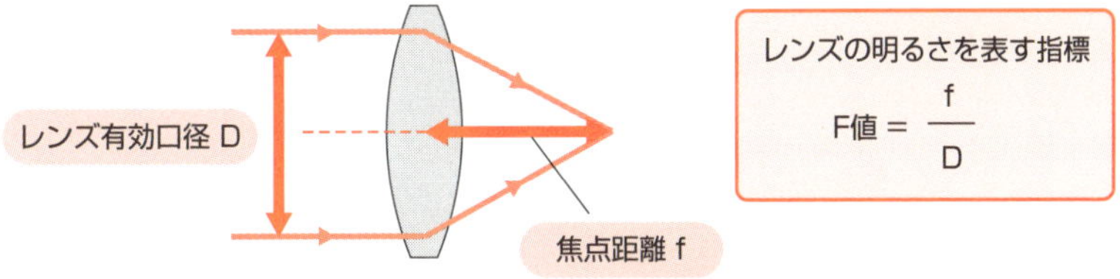

レンズ有効口径 D

焦点距離 f

レンズの明るさを表す指標

$$F値 = \frac{f}{D}$$

絞りを閉じたとき
F値 4.0

絞りを開けたとき
F値 1.0

レンズの絞りでF値を調整可能

用語解説

F値(ち):レンズの焦点距離を有効口径(実際に光が通る穴の直径)で割った値で、小さいほど光を多く集めることができ、明るく撮影できる。
有効口径(ゆうこうこうけい):レンズの光が実際に通る部分の直径。

レンズの収差

理想的な像からのズレと原因

理想的なレンズは、光を限りなく近い一点に集め、鮮明な像を結びます。しかし、現実のレンズでは、レンズの形状や製造誤差などさまざまな要因によって、理想的な像からのズレが生じます。このズレを「収差」と呼びます。収差があると、像がぼやけたり、歪んだりしてしまいます。例えば、メガネをかけている人が、レンズの端のほうを通して物を見ると、像が歪んで見えることがあります。これは、メガネのレンズで生じる収差の影響です。

収差の中で重要なものとして「ザイデルの5収差」と呼ばれるものがあります。これは、19世紀にドイツの研究者ザイデルによって体系化された、主要な5つの収差のことです。ザイデルの5収差には、球面収差、コマ収差（30項）、非点収差（30項）、像面湾曲（30項）、歪曲収差（30項）が含まれます。これらは単一波長の光に対する単色収差であり、別にレンズ材料の分散を原因とする色収差（31項）というものもあります。

この中で球面収差は、レンズの球面形状によって生じる収差です。球面レンズ（25項）では、レンズの軸に平行な光がレンズを通過するとき、レンズの中心付近を通る光と周辺部を通る光が異なる点に集まります。この結果、像がぼやけてしまいます。

これらの収差は、レンズの設計において小さくするように工夫されています。例えば、球面収差を小さくするために、非球面レンズ（25項）が使われたり、組み合わせレンズ（24項）を使用することでさまざまな収差を打ち消しあったりします。

カメラや顕微鏡（61項）、望遠鏡（62項）などの光学機器では、これらの収差を極力抑えることで、より鮮明で正確な像を得ることができます。しかし、すべての収差を完全になくすことは難しいため、用途に応じて許容できる収差の程度を考慮しながら、光学系の設計を行います。

要点BOX

- ●レンズにはさまざまな収差が存在する
- ●収差があると像がぼやけたり歪んだりする
- ●収差が小さくなるようレンズを設計する

収差の影響

像がぼやける

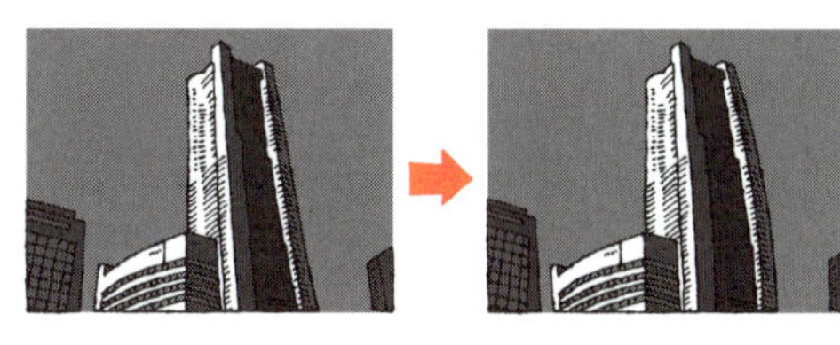

像が歪む

球面収差

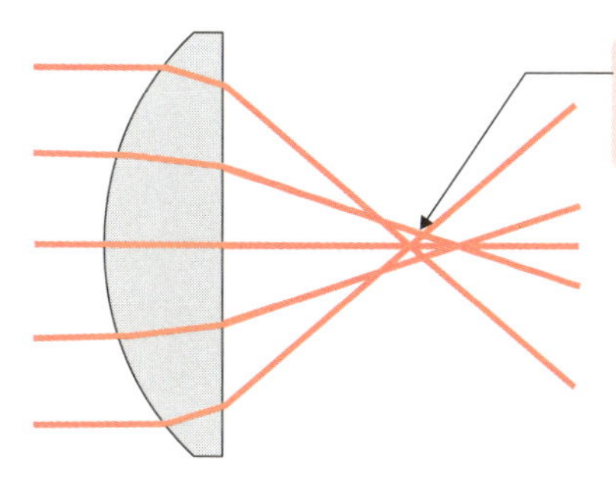

球面レンズでは、レンズの中心付近を通る光と周辺部を通る光で
集光する位置がずれてしまう

収差の改善

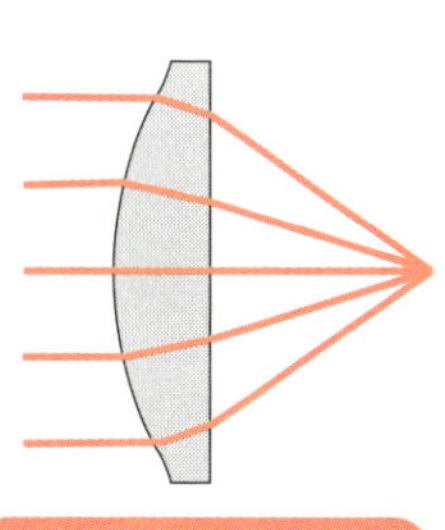

非球面レンズの利用

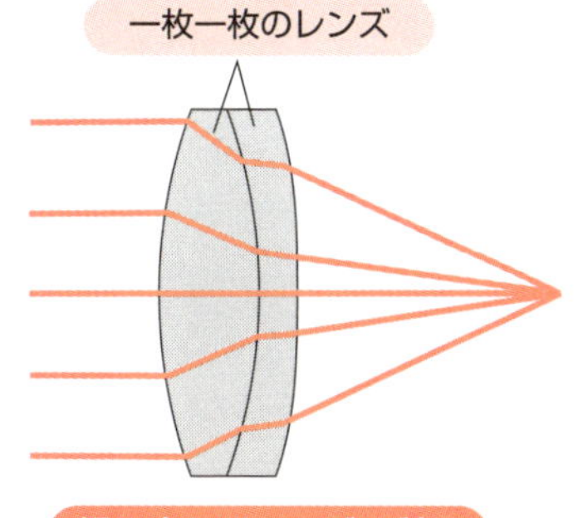

組み合わせレンズの利用

用語解説

球面収差(きゅうめんしゅうさ)：レンズの球面形状によって生じる収差。
非球面(ひきゅうめん)レンズ：球面ではない曲面を持つレンズ。収差を減らし、レンズの枚数を減らすことができる。

30 さまざまな収差

球面収差以外の単色収差

前項では球面収差について説明しましたが、ザイデルの5収差（29項）には球面収差以外にも4つの単色収差があります。

1つ目は「コマ収差」です。これは、光軸に対して斜めに入射する光が、レンズを通過した後に彗星の尾のような形に広がってしまう現象です。斜めから入射した光がレンズを通過すると、レンズの中心付近を通った光と周辺部を通った光の位置がずれ、像が彗星の尾のように広がってしまいます。例えば、夜空の星を写真に撮ったとき、画面の端のほうの星が尾を引いたように写るのは、コマ収差の影響です。

2つ目は「非点収差」です。これは、光軸に対して斜めに入射する光が、縦方向と横方向で異なる位置に焦点を結んでしまう現象です。その結果、点が線状に伸びて見えてしまいます。非点収差があると、画面周辺部で縦の線にピントを合わせると、横の線のピントがずれるといった現象が起きます。

3つ目は「像面湾曲」です。これは、平面の被写体を撮影したときに、像を結ぶ面が平面ではなく曲面になってしまう現象です。その結果、画像の中心部と周辺部で焦点の合う位置が異なり、全体を均一にピントを合わせることが難しくなります。例えば、写真を撮ったときに中心はくっきり写るのに、端のほうがぼやけてしまうことがあります。この原因の一つが像面湾曲です。

4つ目は「歪曲収差」です。これは、被写体の形が歪んで写る現象です。歪み方には2種類あり、中心部が縮小して周辺部が拡大する「糸巻き型歪曲」と、その逆の「樽型歪曲」があります。例えば、建物の写真を撮ったときに、建物の直線的な輪郭が少し曲がって見えることがありますが、これは歪曲収差の影響です。

これらの収差も、複数のレンズを組み合わせる（24項）といった方法で補正が行われます。

要点BOX

- 球面収差以外に4つの主な単色収差がある
- 各収差により像がぼやける、歪むなどの影響が出る

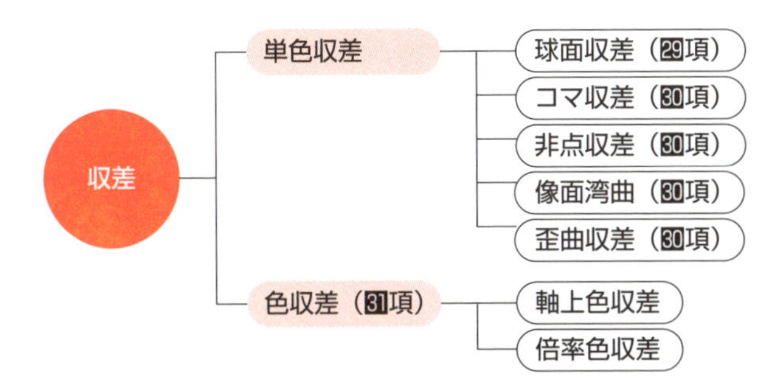

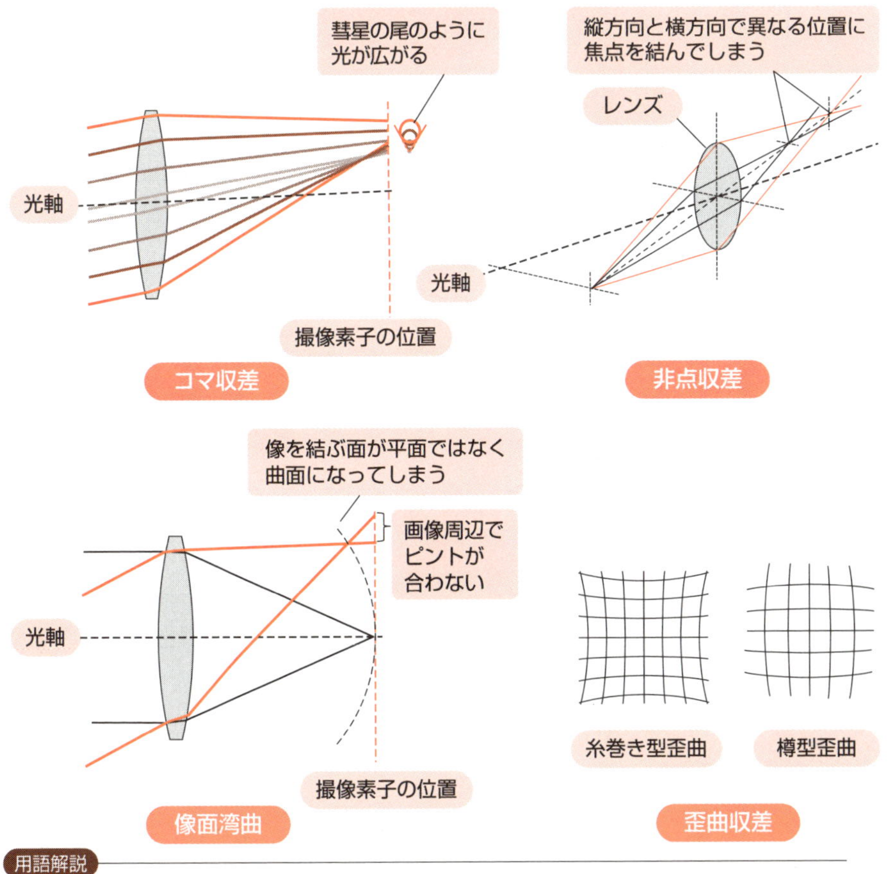

用語解説

ザイデルの５収差(しゅうさ)：ザイデルによって体系化された、主要な５つの収差。
光軸(こうじく)：光学系の中心を通過する線。

31 色収差

波長の違いにより起きる収差

ここまでは、一つの波長に対する単色収差（29、30項）を説明してきました。レンズを通る光が自然光のように複数波長の場合には、単色収差に加えて色収差と呼ばれる収差が発生します。色収差とは、レンズを通過した光が色ごとに異なる位置で焦点を結んでしまう現象のことです。これにより、画像の輪郭に色のにじみが生じたり、全体的にぼやけて見えたりします。

色収差が起こる主な原因は、レンズ材料の分散（10項）です。プリズムで白色光が虹色に分かれるのも、この分散が原因ですが、レンズも同様に、異なる色の光を異なる角度で屈折させてしまうため、色収差が生じます。

色収差は2種類あります。1つ目は「軸上色収差（じくじょういろしゅうさ）」です。これは、レンズの中心軸方向（光軸方向）で起こる色収差で、異なる色の光が異なる位置で焦点を結んでしまう現象です。白色光がレンズを通過すると、青い光は赤い光よりも強く屈折するため、青い光の焦点は赤い光の焦点よりもレンズに近い位置に形成されます。その結果、どの位置にピントを合わせても、完全に鮮明な像を得ることができません。

2つ目は「倍率色収差（ばいりついろしゅうさ）」です。これは、画像の周辺部で起こる色収差で、異なる色の光で像の大きさが異なってしまう現象です。像の周辺部では、レンズ材料の分散により、青い光と赤い光の像の大きさが異なります。その結果、画像の周辺部で色のにじみが生じてしまいます。

色収差を減らすには、屈折率と分散の度合いが異なる複数のレンズを組み合わせる他、撮影後に画像処理（41項）により補正する方法が使われます。

日常生活でも、色収差を観察することができます。例えば、メガネをかけている人が、視点の端で白い物体を見ると、物体の輪郭に薄い色がついて見えることがあります。これは倍率色収差の影響です。

要点BOX
- ●色収差は光の色によって焦点位置や像の大きさがずれる現象
- ●軸上色収差と倍率色収差の2種類がある

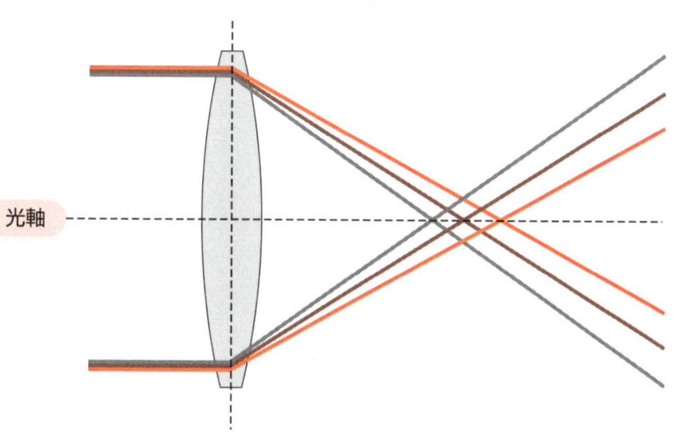

各色で焦点を結ぶ位置が光軸方向に異なる

倍率色収差

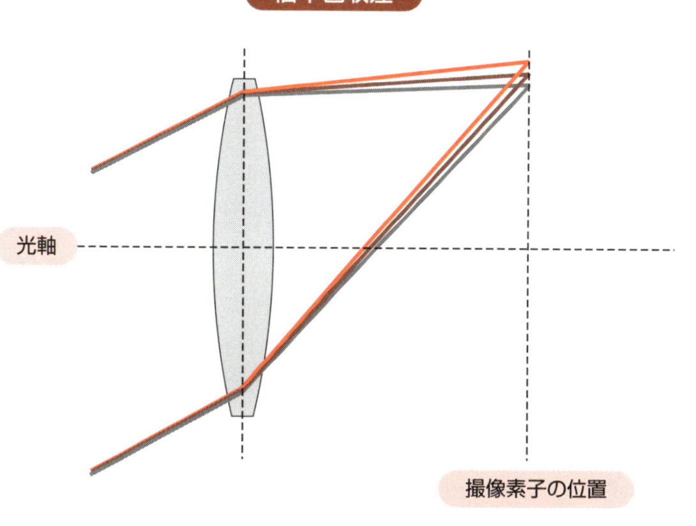

各色で像の大きさが異なる

32 回折限界

光学系の分解能の限界

光学系には、どれだけ細かいものまで見分けられるかという限界があります。光学系が区別できる最小の細かさを「回折限界（かいせつげんかい）」と呼びます。回折限界は、光の波としての性質（8項）によって生じる現象で、レンズやミラーなどの光学系の性能をいくら上げても、原理的に避けられないものです。

上図は、非常に遠くにある点光源からの光がレンズを通過したときの様子を示しています。理想的には、点光源の像は点として結像するはずですが、実際には光の波としての性質（回折、13項）の影響で、中心が明るく周囲に明暗の輪が広がるような像（エアリーパターンと呼ぶ）になります。

この現象により、2つの点光源が近接している場合、それぞれの像が重なり合って区別できなくなることがあります。これが回折限界です。一般的に、2つの点光源の像を区別するための分解能は、波長が短いほど、有効口径が大きいほど、焦点距離が短いほど向上します。光学系の回折限界による分解能を考える上で、重要な指標の一つは、光学系がどれだけ広い角度から光を集められるかを示す「開口数」です。開口数が大きい光学系ほど、理論上の分解能が向上します。開口数は有効口径が大きいほど、また焦点距離が短いほど大きな値となります。

回折限界による制限を緩和するには、いくつかの方法があります。1つは、より短い波長の光を使うことです。例えば、波長の短い紫外線を使う顕微鏡（61項）では、より微細な構造を観察できます。また、有効口径を大きくすることも効果的です。例えば、望遠鏡（62項）で星を観測する場合を考えると、望遠鏡の有効口径が大きいほど、より細かい天体の様子を観察できます。

カメラのレンズでも絞りを絞りすぎると回折限界の影響を受け、分解能が低下してしまいます。そのため、適切な絞りの大きさの選択が重要です。

要点BOX
- ●回折現象により分解能に限界が生じる（回折限界）
- ●分解能の限界は光学系の特性で決まる

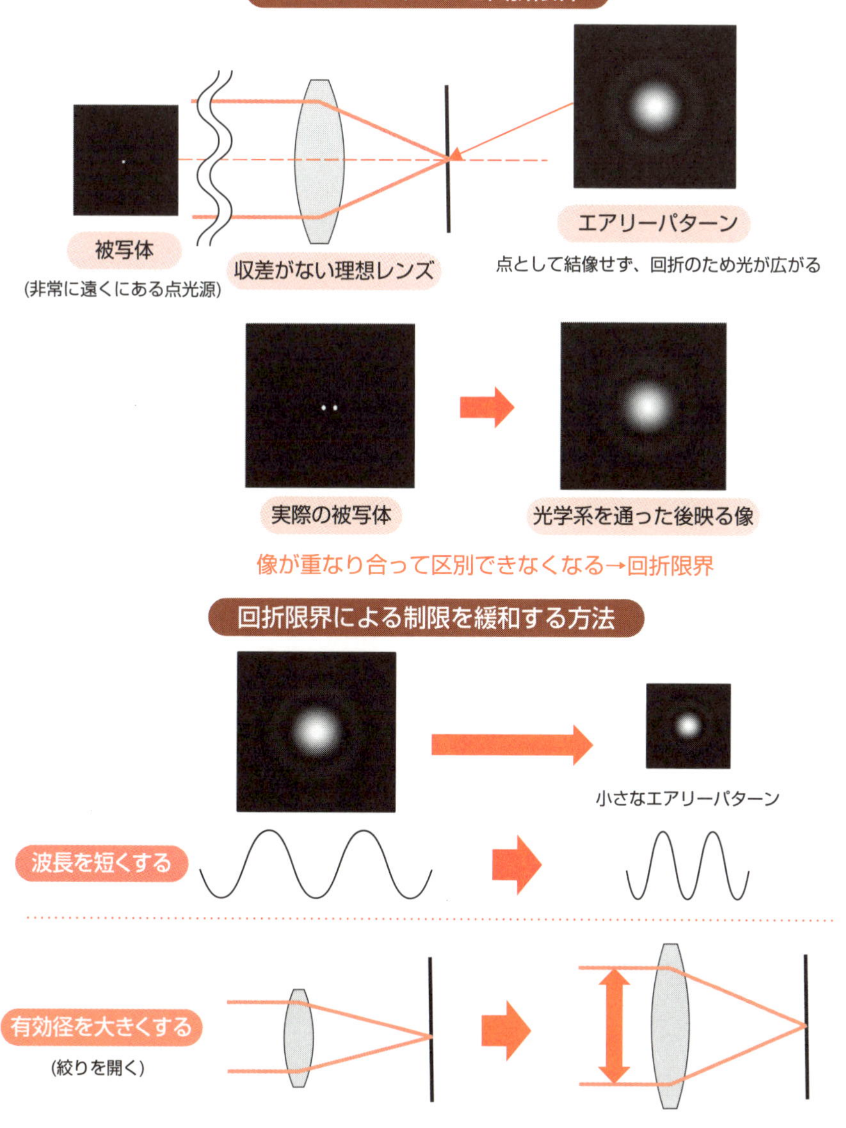

用語解説

エアリーパターン：回折によって生じる、中心が明るく周囲に明暗の輪が広がるような像のパターン。
分解能(ぶんかいのう)：2つの物体を区別して見分けられる能力。角度や距離で表される。
開口数(かいこうすう)：光学系がどれだけ広い角度から光を集められるかを示す。開口数が大きい光学系ほど、理論上の分解能が向上する。F値と似た概念だが、F値は主にカメラなどで明るさや被写界深度(36項)を示すために使用され、開口数は主に顕微鏡などで分解能を表すため使用される。

33 光学材料

レンズや光学機器を支える縁の下の力持ち

私たちの身の回りにある光学機器の性能を支えているのが光学材料です。

光学材料とは、光を制御するために使用される材料のことを指します。代表的なものには、ガラスやプラスチックがありますが、ほかにも水晶（石英）や蛍石、さらにはシリコンやゲルマニウムなども使われています。これらの材料は、それぞれ異なる特性を持っており、用途に応じて使い分けられています。

優れた光学材料には、いくつかの必要な特性があります。まず、使用する波長で光をよく通すこと、つまり透明であることが重要です。また、材料の中で光が均一に進むように、屈折率が一定であることも大切です。さらに、気泡や異物がないことも求められます。これらの条件を満たすことで、光をきれいに通し、歪みのない像を作ることができます。

光学材料の性能を表す重要な指標として、屈折率（4項）と分散（10項）が存在します。

この中で、分散の大きさを表す指標としては、アッベ数があります。通常の材料ではアッベ数が大きいほど分散が小さく、色収差（31項）が起こりにくいことを意味します。下図は、さまざまな光学ガラスの屈折率とアッベ数の関係を示したアッベダイアグラムと呼ばれるグラフです。このグラフを使うことで、目的に応じた最適な光学ガラスを選ぶことができます。

光学材料の中でも、ガラスは特に重要な位置を占めています。光学ガラスは、一般的なガラスとは異なり、非常に高い均一性と透明度を持っています。また、組成を変えることで、さまざまな屈折率やアッベ数を持つガラスを作ることができます。

光学材料としてガラス以外にプラスチックも広く使用されています。プラスチック材料には、軽量、耐衝撃性、成形のしやすさ、そして低コストという大きな利点があります。

要点BOX

- ●光学材料は光を操作する上で重要
- ●さまざまな光学材料が存在
- ●屈折率やアッベ数などの特性より種類を選定

光学材料に必要な特性

高い透明性	光をよく通すこと
均一な屈折率	材料内で屈折率にむらがないこと
適切な屈折率	用途に応じた適切な屈折率を持つこと
適切な分散特性	用途に応じた適切なアッベ数を持つこと
気泡や異物がないこと	内部に不純物や気泡が含まれていないこと
化学的安定性	長期間使用しても変質しにくいこと
機械的強度	割れにくく、傷つきにくいこと
温度安定性	熱による屈折率変化が小さいこと
加工のしやすさ	レンズなどの形状に加工しやすいこと
適切なコスト	用途に応じた適切な価格であること

アッベダイアグラム

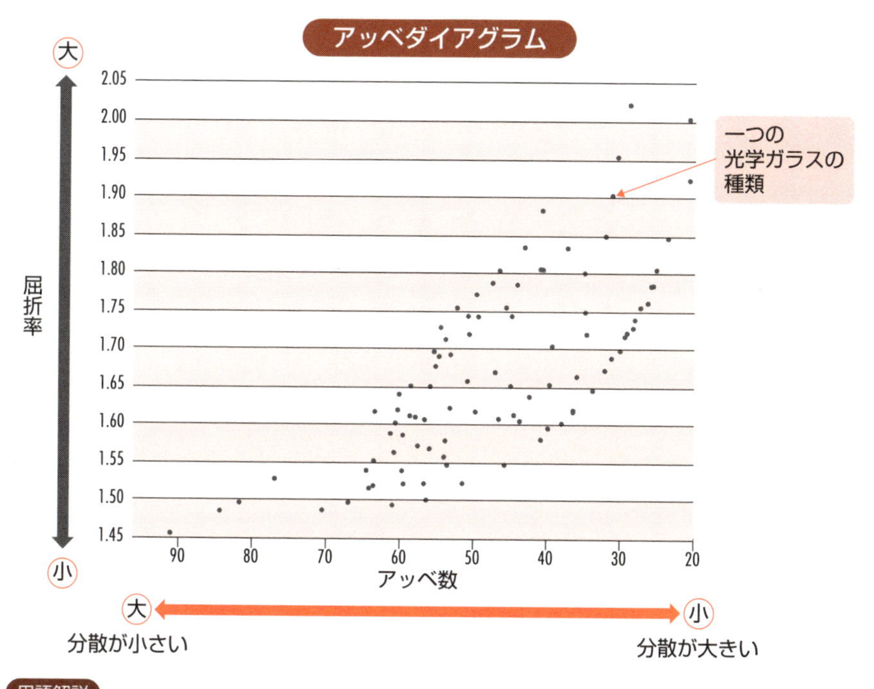

用語解説

アッベ数(すう)：光学材料の分散の小ささを表す指標。大きいほど分散が小さい。

34 レンズ設計の舞台裏

シミュレーションが支える高性能レンズ

高性能なレンズを作るためには、レンズの形状や材質などを緻密に設計する必要があります。レンズの設計では、まず目標とする性能を決めます。例えば、カメラのレンズなら、どのくらい広い範囲を写せるか（画角、28項）、どのくらい明るく撮れるか（F値、28項）、どのくらい正確に写るか（収差量、29項）、そしてどのくらいの大きさで作るか（サイズ）などを決めます。さらに、そのレンズをどのくらいの値段で売りたいか（コスト）も考えなければいけません。

目標が決まったら、次は具体的なレンズの形を考えていきます。レンズは通常、複数のレンズを組み合わせて作ります。それぞれのレンズの曲率半径や、レンズとレンズの間の距離、レンズの厚みなどを調整しながら、目標の性能に近づけていきます。非球面レンズ（25項）の場合には、曲率半径に加えて非球面形状を決める複数のパラメータも最適化します。

レンズの組み合わせは無数にあるので、人間が手で計算していたら、何年たっても終わりません。そこで活躍するのが、コンピュータを使ったシミュレーションです。コンピュータの中で光線追跡（15項）シミュレーションを行い、さまざまなレンズの組み合わせを試し、目標の性能に近づけていきます。

ズームレンズや手ぶれ補正機能を持つレンズの設計では、さらに複雑な計算が必要になります。ズームレンズでは、焦点距離を変えるためにいくつかのレンズを動かします。手ぶれ補正では、カメラの揺れを打ち消すようにレンズを細かく動かします。これらの動きでも所望の効果が得られるようレンズの構成を最適化します。

近年のレンズの高性能化は、こうしたコンピュータシミュレーション技術の進歩によって支えられています。さらに、非球面レンズなど新しい光学素子の使用や、新しい光学材料（33項）の開発も高性能化に大きな役割を果たしています。

要点BOX

- ●レンズ設計は目標性能を満たすレンズの形を決める複雑なパズル
- ●コンピュータシミュレーションを駆使

レンズ設計の方法

レンズの設計データの例

面	曲率半径［mm］	面間隔［mm］	光学材料（33項）
1	17.40	2.5	BK7
2	− 87.39	4.0	空気
3	− 18.52	0.6	LF7
4	18.54	4.0	空気
5	114.89	2.5	BK7
6	− 15.03	46.0	空気

1 目標に近づくように曲率半径や面間隔、光学材料などを調整する

- どのくらい広い範囲を写せるか（画角、28項）
- どのくらい明るく撮れるか（F値、28項）
- どのくらい正確に写るか（収差量、29項）
- どのくらいの大きさで作るか（サイズ）
- どのくらいの値段で売るか（コスト）

1と2を繰り返して最適化し、目標を満たす設計ができれば完了

2 光線追跡(15項)を用いたシミュレーションにより、収差量などを求める

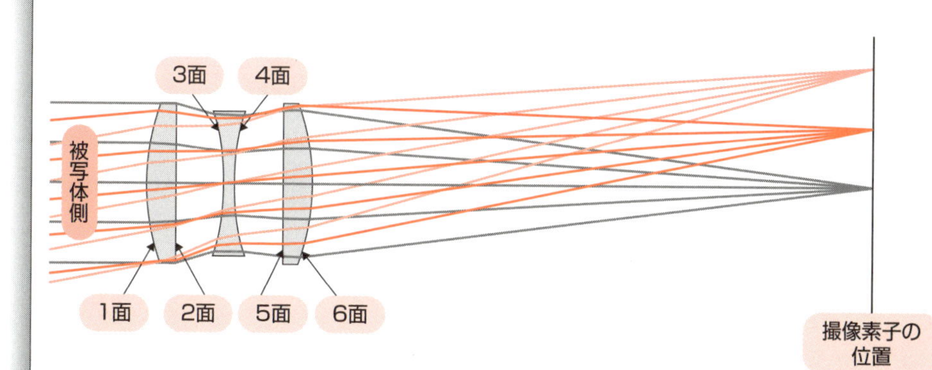

35 レンズの性能評価

光学特性を客観的に表す指標

レンズの性能を評価するには、いくつかの重要な指標があります。これらの指標を使うことで、レンズの品質を客観的に比較することができます。ここでは、代表的な指標について解説します。

まず、重要な指標の一つが「MTF」です。MTFは「Modulation Transfer Function」の略です。これは、レンズがどれだけ細かい模様まで再現できるかを表す指標です。

MTFを理解するために、縞模様を例に考えてみます。白と黒の縞模様を撮影したとき、その縞がくっきりと写るかどうかを調べてみると、縞の間隔が広いときは、白と黒の境界がはっきりと写りますが、縞の間隔が狭くなるにつれて、白と黒の境界がぼやけてきます。このぼやけ具合を数値化したものがMTFです。

下図は、MTF曲線の例を示しています。横軸は画面中心からの距離で、画面上の位置を示します。縦軸はMTFの値で、白と黒の明暗の差の度合い(コントラスト)を表します。グラフの線が上にあるほど、コントラスト良く結像できる高性能なレンズだということになります。通常、レンズの中心部は周辺部よりも高いMTFを示します。これは、レンズの端に近づくほど、収差(29項)の影響で像がぼやけやすくなるためです。

他に「歪曲収差量」や「周辺光量比」なども指標となります。「歪曲収差量」は、歪曲収差(30項)の大きさを表します。例えば、四角い建物を撮影したときに、端のほうが少し丸みを帯びて写ってしまう度合いを表します。

周辺光量比は、レンズの中心部と周辺部の明るさの比を表します。多くのレンズでは、周辺部が中心部よりも暗くなる傾向があります。周辺光量比が100%に近いほど、画面全体が均一な明るさで写ります。

要点BOX

- MTFは像の鮮明さを表す
- 他に歪曲収差量や周辺光量比などさまざまな指標がある

MTFの概念

レンズで撮影

MTF100%=明暗の差がそのまま

MTF20%=明暗の差が20%に低下する

MTF曲線

各グラフの線が高いほど細かい模様まで再現できる高性能なレンズ

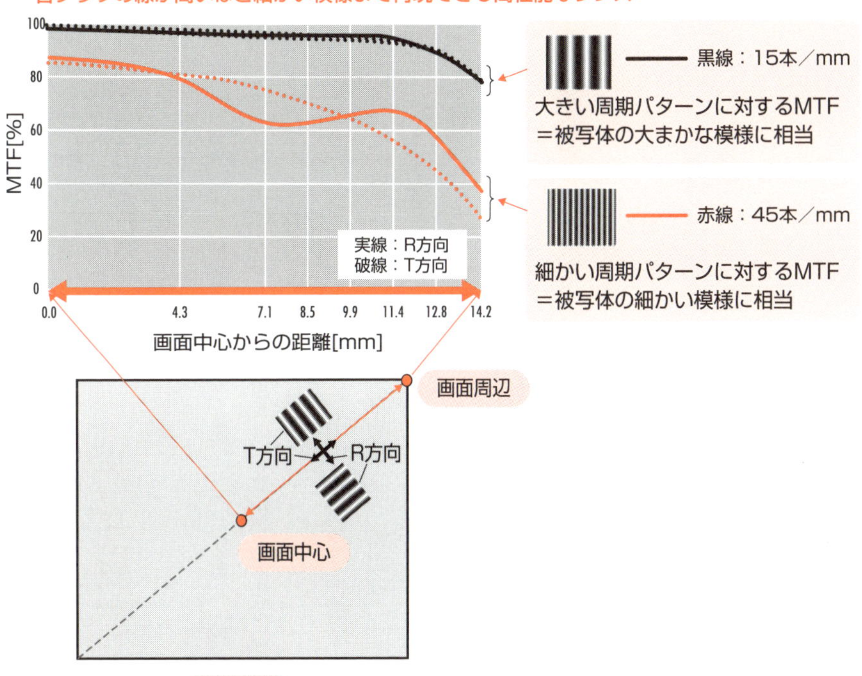

用語解説

コントラスト：明暗の差の度合い。
周辺光量比(しゅうへんこうりょうひ)：レンズの中心部と周辺部の明るさの比。

36 ピントと露出

写真の写りを決める重要要素

写真を撮るとき、被写体をしっかり写すためにピントを合わせるのはとても重要です。レンズを通して撮影すると、ある範囲にピントが合い、その前後はぼやけてしまいます。そのため、レンズと撮像素子の距離などを調整することで、ピントを合わせます。

ピントが合う範囲のことを「被写界深度」といいます。被写界深度は、レンズの絞り値や焦点距離、被写体までの距離によって変化します。絞りを開ける（F値を小さくする）と被写界深度は浅くなり、背景がぼやけた写真になります。逆に、絞りを絞る（F値を大きくする）と被写界深度は深くなり、手前から奥までピントが合った写真になります。

最近のカメラには、「オートフォーカス（AF）」機能が搭載されています。これは、カメラが自動的にピントを合わせてくれる機能です。オートフォーカスは、2つの異なる光路から得られる像のズレを検出してピントを合わせたり、像のコントラスト（明暗の差）が最も高くなる位置を探してピントを合わせたりします。

次に、露出について解説します。露出とは、撮像素子（50項）に当たる光の量のことです。露出は、主に2つの要素によって決まります。それは、レンズの明るさ（F値）、シャッタースピードです。

レンズの明るさに関してはF値が小さいほどレンズは明るくなります。シャッタースピードは、光が撮像素子に当たる時間を決めます。シャッタースピードが遅いほど、多くの光が入ります。

また、写真の明るさを決めるもう一つの要素は、撮像素子の光に対する感度です。感度が高いほど、同じ露出でも明るく写すことができます。

これらを調整することで、適切な明るさの写真を撮影できます。

要点BOX

- ●ピントが合う範囲を被写界深度という
- ●オートフォーカスは自動的にピントを合わせる
- ●露出と感度は写真の明るさを決める

被写界深度

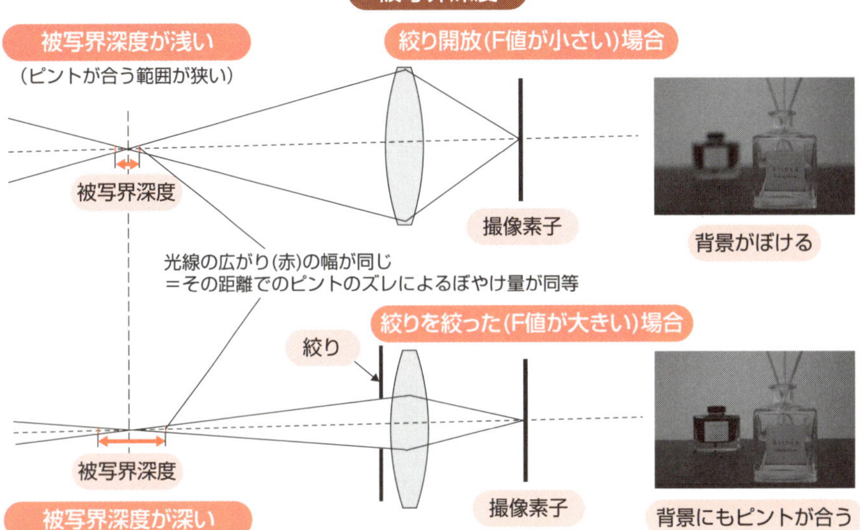

絞り値と写真の明るさの関係

シャッタースピードと写真の明るさの関係

用語解説

被写界深度(ひしゃかいしんど)：写真において、ピントが合っているように見える範囲のこと。

37 光と視覚の関係

眼を通して光を感じ取る仕組み

私たちは日々、眼を通して周りの世界を見ています。眼は光を感じ取る精巧な器官で、その仕組みはカメラとよく似ています。ここでは、眼の構造と、光がどのように処理されるのかを見ていきます。

人間の眼の表面には透明な角膜があり、その奥に虹彩という色のついた部分があります。虹彩の中央には瞳孔という穴が開いており、ここから光が入ります。虹彩はカメラの絞り（22項）のような役割を果たし、明るい場所では瞳孔は小さく、暗い場所では大きくなって、眼に入る光の量を調節します。

瞳孔を通った光は、水晶体というレンズを通ります。水晶体は筋肉によって厚さを変えることができ、これによって近くのものや遠くのものにピントを合わせます。カメラのレンズではピント調整はレンズの位置を変えることで行いますが、眼の水晶体は形を変えてピントを合わせます。ピントが合った像は網膜に映し出されます。網膜はカメラでいうフィルムや撮像素子（50項）のような役割を果たします。

網膜には、光を感じ取る細胞が2種類あります。一つは「桿体細胞」で、もう一つは「錐体細胞」です。桿体細胞は主に明るさを感じ取り、暗いところでもよく働きます。一方、錐体細胞は色を感じ取る細胞で、明るいところでよく働きます。

錐体細胞にはさらに3種類あり、それぞれが異なる色の光に反応します。L錐体は赤色寄りの光、M錐体は緑色寄りの光、S錐体は青色寄りの光に反応します。この3種類の錐体細胞の反応の組み合わせによって、私たちはさまざまな色を識別することができます。

人間の眼が感じる光の明るさは、実際の光の強さとは少し違います。これを表したのが「比視感度曲線」です。人間の眼は、黄緑色の光に最も敏感で、赤や青の光には比較的鈍感です。そのため、同じ強さの光でも、黄緑色の光が最も明るく感じられます。

要点BOX
- ●眼とカメラの構造は似ている
- ●明るさと色を感じ取る細胞で光を感じている
- ●人間の眼は黄緑色の光に最も敏感

眼の構造

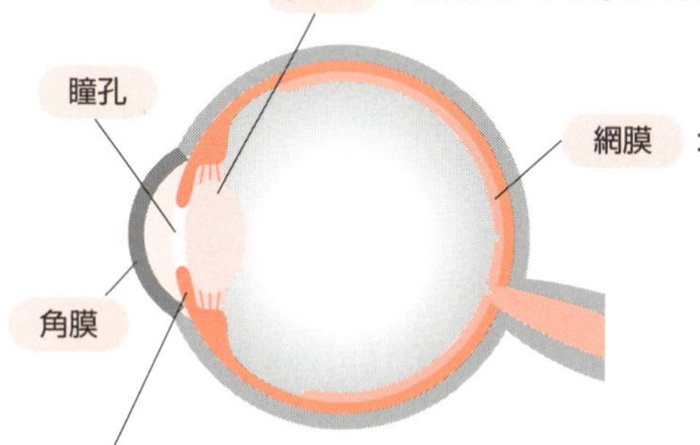

水晶体：筋肉によって厚さを変えることができ、ピントを合わせる

網膜：カメラでいうフィルムや撮像素子(50項)のような役割。主に明るさを感じる桿体細胞や色を感じる錐体細胞が存在する

虹彩：カメラの絞り(22項)のような役割を果たし、目に入る光の量を調節する

比視感度曲線

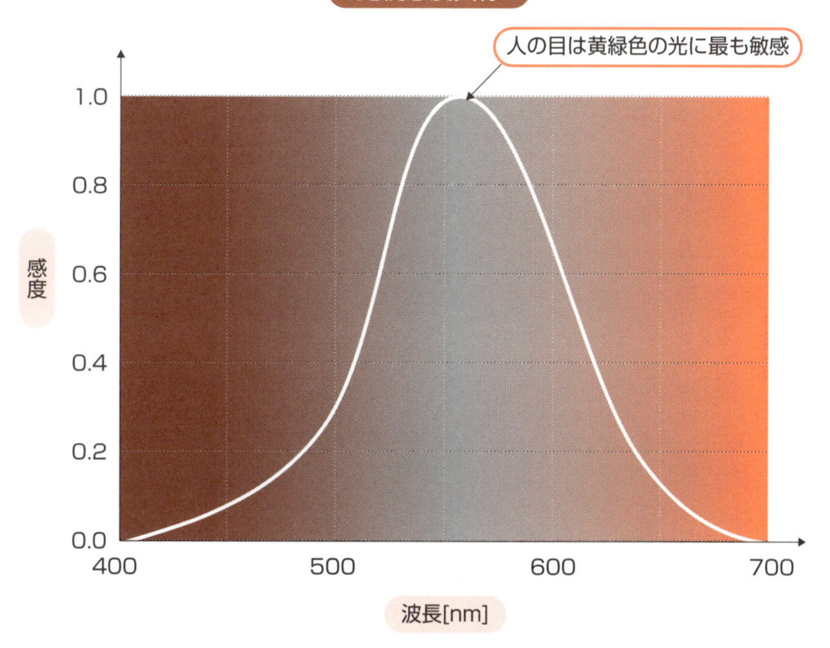

用語解説

虹彩(こうさい)：眼の中にある色のついた部分。瞳孔の大きさを調節する。
桿体細胞(かんたいさいぼう)：主に明るさを感じ取る細胞。暗いところでよく働く。
錐体細胞(すいたいさいぼう)：色を感じ取る細胞。L、M、Sの3種類がある。
比視感度曲線(ひしかんどきょくせん)：人間の眼が感じる光の明るさを波長ごとに表したもの。

38 眼の屈折異常

近視と遠視と乱視

私たちの眼は、カメラのレンズと同じように、角膜や水晶体で光を集めて網膜に像を結びます（37項）。正常に像を網膜に結んでいる状態を「正視」と呼びます。しかし、人によっては遠くのものが見えにくかったり、近くのものがぼやけて見えたりすることがあります。このように焦点が上手く網膜に結ばれない状態を「屈折異常」と呼びます。

「近視」は、離れた黒板の文字など遠くのものが見えにくい状態です。正常な眼では、遠くのものの像が網膜上にちょうど結びますが、近視の人の眼では、遠くのものの像が網膜の手前で結んでしまうため、網膜上ではぼやけた像になってしまいます。これは、眼球が前後方向に長すぎたり、角膜や水晶体の屈折力が強すぎたりすることが原因です。

一方、「遠視」は手元の新聞の文字など近くのものが見えにくい状態です。遠視の人の眼では、近くのものの像が網膜の後ろで結ぼうとするため、網膜上ではぼやけた像になってしまいます。これは、眼球が前後方向に短すぎたり、角膜や水晶体の屈折力が弱すぎたりすることが原因です。

「乱視」は、角膜や水晶体の形が球面ではなく、歪んでいることが原因で起こります。例えば、角膜や水晶体の形がラグビーボールのように楕円形になっていると、光が一点に集まらず、どの距離でもぼやけて見えてしまいます。乱視がある人は、文字や物が二重に見えたり、ぶれて見えたりします。

これらの視力の問題を補正するには、メガネやコンタクトレンズを使います。近視用メガネでは、凹レンズを使って光を広げることで、像が網膜上に結ぶようにします。遠視用メガネでは、凸レンズを使って光を集めることで、像が網膜上に結ぶようにします。乱視用メガネの場合は、方向によって屈折力が異なる円柱型のレンズを使って光の屈折を調整し、一点に集まるようにします。

要点BOX

- ●近視は遠くが、遠視は近くが見えにくい
- ●乱視は全体的にぼやけて見える
- ●眼球の形状や水晶体の屈折力異常などが原因

屈折異常のイメージ

屈折異常

近視

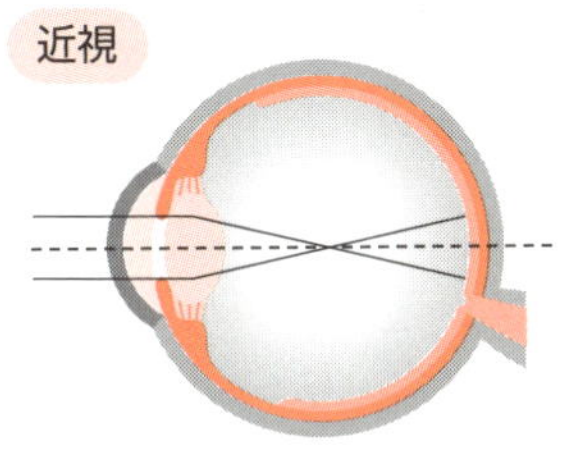

眼球が前後に長すぎたり、
角膜や水晶体の屈折力が
強すぎたりする

正視

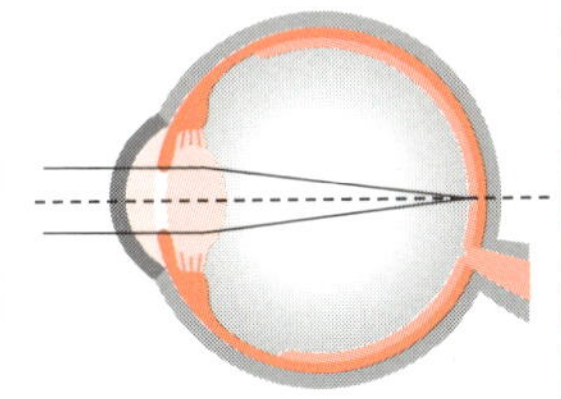

正常に像を網膜に
結んでいる状態

遠視

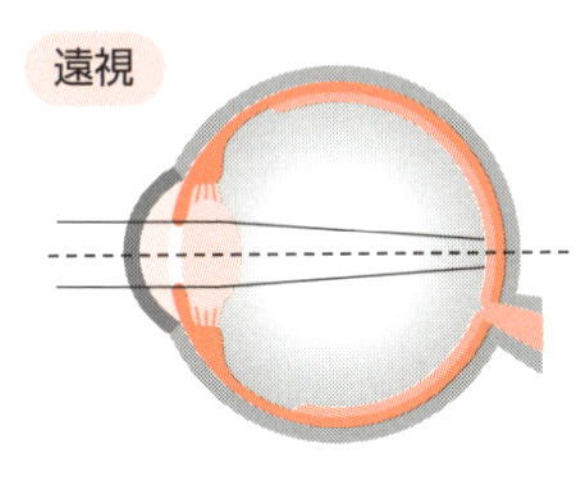

眼球が前後に短すぎたり、
角膜や水晶体の屈折力が
弱すぎたりする

乱視

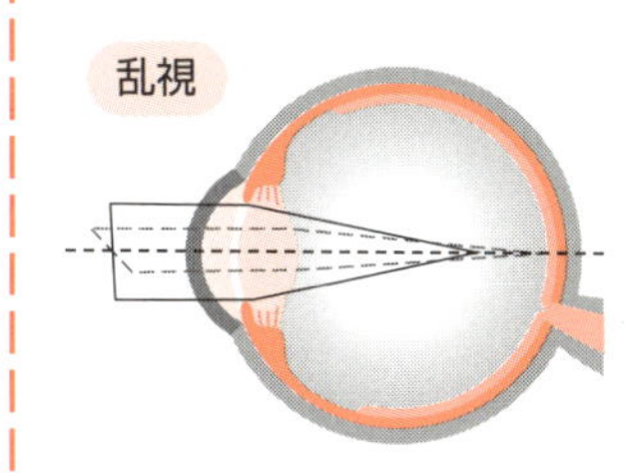

角膜や水晶体の形が
球面ではなく
歪んでいるため、
焦点を結ぶ位置が
方向で異なる

近視と遠視の矯正

近視の矯正

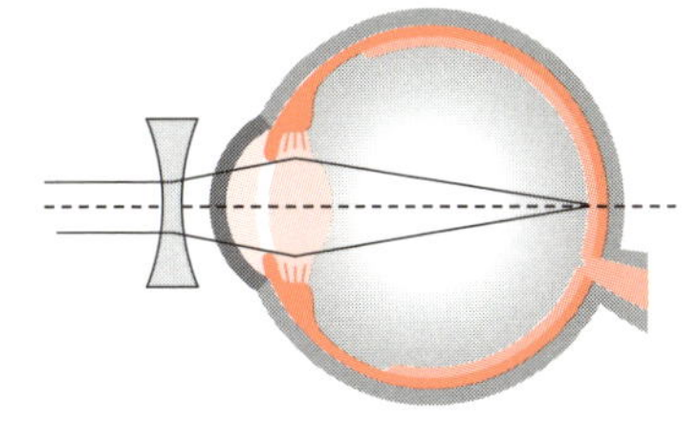

凹レンズで光を広げる

遠視の矯正

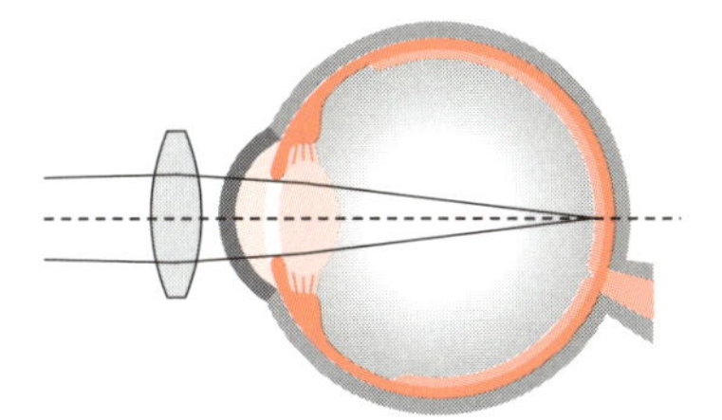

凸レンズで光を集める

用語解説

凹(おう)レンズ：中心が薄く、端が厚いレンズ。光を広げる働きがある。
凸(とつ)レンズ：中心が厚く、端が薄いレンズ。光を集める働きがある。
屈折力(くっせつりょく)：光を曲げる力のこと。屈折力が強いほど、光をよく曲げる。

39 色の知覚

光の色はどのように決まるか

私たちの目に映る世界は、さまざまな色で彩られています。「色」は、物理的には光の波長という形で存在していますが、私たちが認識する「色」は、その光が目に入り、脳で処理されることで生まれる主観的な感覚です。

人間の眼の網膜には、光を感じ取る細胞として「桿体細胞」と「錐体細胞」があります（37項）。このうち、錐体細胞は色を感じ取る細胞で3種類あり、それぞれが異なる色の光に反応します。赤色寄りの光に反応するL錐体、緑色寄りの光に反応するM錐体、青色寄りの光に反応するS錐体です。

光の世界には「3原色」という重要な概念があります。光の3原色とは赤、緑、青の3色のことを指します。これらの色の光を適切に混ぜ合わせることで、私たちが知覚するすべての色を作り出すことができます。なぜこの3色ですべての色を表現できるかは3種類の錐体細胞が、それぞれ赤、緑、青に近い波長の光に反応するようになっているためです。

「色温度」も色の見え方に影響を与えます。色温度とは、光の色味を表す指標で、単位は温度の単位ケルビン（K）で表されます。この概念は熱放射（20項）と深い関係があります。例えば、ろうそくの炎の色温度は約2000Kで暖かみのある赤っぽい光、晴れた日の太陽光は約5500Kで白っぽい光です。これらの色温度は、それぞれの温度で黒体が放射する光（黒体放射）の色に対応しています。

また、私たちの視覚は、「色順応」と呼ばれる能力を持ち、これらの異なる色温度の光の下でも、白い紙は白く見えるように自動的に調整しています。同じように、カメラには「オートホワイトバランス」という色の自動調整機能があり、撮影環境の光に合わせて色を調整します。例えば、赤みがかった白熱電球の下で撮影する場合、カメラは青みを加えて補正し、自然な色合いに調整します。

要点BOX
- ●色覚は3種類の錐体細胞による
- ●環境に応じて色の見え方が変化する
- ●カメラはオートホワイトバランスで色を調整

光の3原色

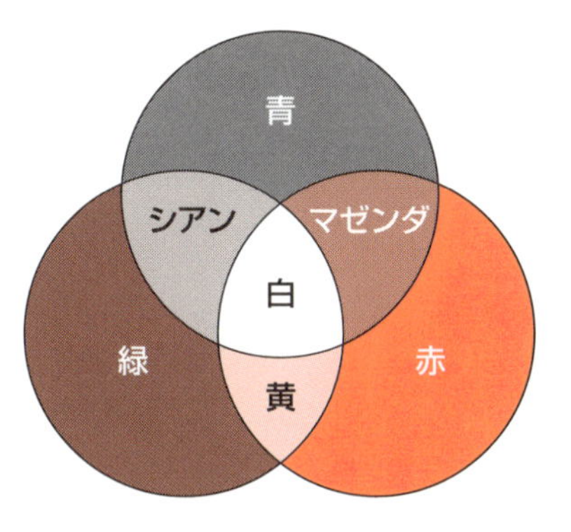

オートホワイトバランス

白熱電球下で撮影

蛍光灯下で撮影

オート
ホワイト
バランス

光源の差による色味の差を補正する

用語解説

色温度(いろおんど)：光の色味を表す指標。単位はケルビン(K)。
黒体(こくたい)：入射したすべての電磁波を吸収し、温度に応じて電磁波を放射する理想的な物体。
黒体放射(こくたいほうしゃ)：黒体からの熱放射。
色順応(いろじゅんのう)：周囲の光の状態に目が適応し、色の見え方を調整する現象。

40 画像の表現

画像データと動画データの中身

デジタルカメラで撮影した写真や動画は、どのように表現されているのでしょうか？　実は、画像データは小さな点の集まりで表現されています。この小さな点のことを「画素」と呼びます。

光を電気信号に変換する撮像素子（50項）は、たくさんの画素で構成されています。例えば、1200万画素の撮像素子であれば、その数の画素が並んでいることになります。撮像素子の画素の数が多いほど、被写体のより細かい部分まで表現できます。

では、色はどのように表現されているのでしょうか？　デジタル画像では、赤（R）、緑（G）、青（B）の3つの色（3原色、39項）を使って、さまざまな色を表現します。代表的には、各画素で3つの色のそれぞれの明るさを0から255までの256段階で表現します。例えば、（R、G、B）の順で（255、0、0）なら赤、（255、255、0）は黄色、（255、0、255）は紫となります。この3つの値の組み合わせで、さまざまな色を表現できます。

動画は、静止画を連続して表示することで表現されます。これは、パラパラ漫画と同じ原理で、人間の目にある「残像」という性質（連続して表示される画像をつなげて見てしまう）を使っています。1秒間に表示する画像の枚数を「フレームレート」と呼び、単位はfps（フレーム・パー・セカンド）です。例えば、24fpsの動画は、1秒間に24枚の画像を表示していることになります。

画像や動画のデータ量は非常に大きくなるため、圧縮技術が使われます。例えば、高画質の写真や動画を保存する際、圧縮しないと記憶容量をすぐに使い切ってしまいます。また、送受信する際も圧縮することで通信時間を短くして、通信量を節約できます。圧縮には、似たような色や模様が続く部分をまとめて記録したり、人間の目で認識しにくい細かな違いを省略したりする方法などがあります。

要点BOX

- ●画素の集まりで画像を表現
- ●RGBの3原色の明るさで色を表現
- ●動画は静止画を連続して表示

画像データの表現

画像データ

118	125	122	123	129	136	146	166	195	208	207	203	203	214	222
110	117	126	161	180	182	178	169	171	202	213	215	217	221	222
106	105	131	182	195	194	192	193	190	200	216	218	221	222	225
111	117	154	186	193	195	193	193	194	201	216	220	223	226	215
156	162	172	179	187	192	194	192	192	194	209	222	222	176	108
162	167	171	170	174	181	185	186	185	182	198	224	165	81	57
156	154	155	157	157	156	159	159	158	166	201	187	87	64	55
142	144	139	136	131	125	128	132	128	139	139	78	46	47	37
108	117	117	116	112	112	113	121	131	131	69	33	30	29	28
93	90	83	81	87	96	101	96	90	85	43	37	29	24	25
99	100	85	69	62	70	86	92	103	60	30	42	38	25	21
131	117	115	103	88	95	149	193	193	61	26	34	38	32	33
195	186	178	155	148	182	212	230	169	35	20	29	37	38	39
221	220	217	204	196	209	222	225	117	22	18	21	23	23	21

各画素の明るさの数値

一つの画素

動画の表現

動画は複数の画像の連続

1枚の画像　→　1枚の画像　→　1枚の画像　…

一秒間に30枚=30fpsの動画

用語解説

フレームノート：1秒間に表示する画像の枚数。単位はfps（フレーム・パー・セカンド）。

41 画像処理の役割

写真を美しく仕上げる処理技術

画像処理とは、画像データに対して、コンピュータを使ってさまざまな処理を行う技術のことです。画像処理は、写真の品質を向上させるだけでなく、写真の表現力を豊かにするためにも使われています。

画像処理にはさまざまな種類があります。暗い場所で撮影した写真を明るくしたり、逆光で顔が暗く写ってしまった写真を補正したりすることができます。また、写真の色のバランスを整えたり、特定の色を強調したりすることができます。風景写真では空の青さを強調したり、料理写真では食べ物の色を鮮やかにしたりすることができます。

デジタルカメラで写真を撮るとき、光はレンズ(24項)を通って撮像素子(50項)に届きます。撮像素子は、光を電気信号に変換し、その信号を処理することで画像を作ります。色の情報を取得するため、撮像素子の各画素には赤、緑、青のいずれか1色のカラーフィルタが取り付けられています。しかし、1つの画素では、3色のうち1色しか検出できません。そこで、「デモザイク処理」という画像処理が使われます。これは、周りの画素の色情報を使って、それぞれの画素で3色すべての情報を作る処理です。

レンズには収差(29項)があり、この収差によって写真にボケや歪みが生じることがあります。この収差によるボケや歪みを補正するのも画像処理の役割です。レンズの特性に合わせて画像処理を行い、収差の影響を軽減します。ボケを補正する「先鋭化処理(せんえいかしょり)」やレンズによる画像の歪みを補正する「歪曲収差補正処理(わいきょくしゅうさほせいしょり)」などが行われます。

画像処理は、デジタルカメラだけでなく、さまざまな機器で使われています。スマートフォンのカメラアプリには、ここまで挙げた以外にも美肌効果や背景ぼかしなど、さまざまな画像処理機能が搭載されています。現在、画像処理技術は高画質な写真を撮影するために欠かせない技術となっています。

要点BOX
- ●写真の明るさや色合いを調整できる
- ●撮像素子が出力したデータの補間やレンズの収差の補正も行う

デモザイク処理

撮像素子の一つの画素

撮像素子上の
カラーフィルタ配列

赤は周辺4つの赤の明るさの
平均で補間

緑は周辺4つの緑の明るさの
平均で補間

赤 緑 赤
緑 青 緑
赤 緑 赤

例えば、青のカラーフィルタが乗っている画素は
緑と赤の明るさが直接取得できない
→緑と赤の明るさは周りの同色画素の明るさより補間

先鋭化処理

入力画像

先鋭化処理後の画像

用語解説

カラーフィルタ：撮像素子において画素ごとにつけられた赤、緑、青のどれか一色の光だけを通すフィルタ。

42 コンピュテーショナルフォトグラフィ

デジタル技術が変える写真撮影

最近のスマートフォンは、小さいカメラにもかかわらず驚くほど美しく撮影できます。これはコンピュテーショナルフォトグラフィという技術を活用していることが一つの理由です。従来のカメラでは、レンズや撮像素子の性能が写真の品質を決める大きな要因でしたが、コンピュテーショナルフォトグラフィでは、画像処理を積極的に活用することで、それらの性能の限界を超えた撮影を可能にします。

コンピュテーショナルフォトグラフィの特徴は、画像処理を前提として光学系の設計を行うことです。従来のレンズ設計では、できるだけ収差（29項）を小さくすることが目標でした。しかし、収差を完全になくすことは難しく、高性能なレンズは大きく、高価になってしまいます。

コンピュテーショナルフォトグラフィでは、あえて画像処理で補正しやすい収差を残すことで、レンズを小型化したり、明るくしたりします。その代わりに、撮影後の画像処理で収差を補正します。コンピュテーショナルフォトグラフィでは、レンズと画像処理のバランスを取ることで、小型で高性能なカメラを実現しています。

この技術は撮影する写真の高画質化だけではなく、レンズだけでは実現できない新しい機能の実現にも使用されます。その例として被写界深度拡大カメラがあります。被写界深度拡大カメラでは、意図的に収差を残したレンズを使用します。特定の収差があると、異なる距離の被写体に対して、均一にぼけた像が撮影できます。そして、像のぼけは画像処理で補正することで、広い範囲にピントの合った写真を撮影することができます。つまり、被写界深度（36項）を拡大して撮影するカメラが実現できます。

最近は、AIを活用することで画像処理の性能が大きく向上しており、コンピュテーショナルフォトグラフィの重要性が高まっています。

要点BOX

- 画像処理を前提として光学系の設計を行う
- 小さくて高画質なカメラや新しい機能のカメラを実現

コンピュテーショナルフォトグラフィ

従来の設計方法

光学系

出力画像

収差を減らす光学設計→大きい、高価になってしまう

コンピュテーショナルフォトグラフィに基づいた設計方法

画像処理前提での光学設計(画像処理で補正しやすい収差を残す)
→より小型、明るい、安価など

被写界深度拡大カメラ

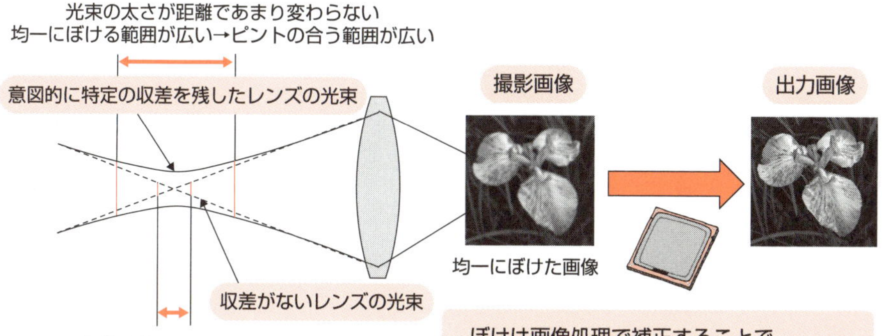

ぼけは画像処理で補正することで、
広い範囲にピントの合った写真を出力する

被写界深度拡大カメラの光学系イメージ

43 さまざまなカメラ

光の特性を捉える特殊なカメラたち

私たちの身の回りにある一般的なカメラはカラー画像を撮影しますが、実は光の持つ情報をより詳しく捉えるための特殊なカメラも存在します。ここでは、そうした特殊なカメラの中から、深度カメラ、分光カメラ、偏光カメラを紹介します。

まず深度カメラは、通常のカメラでは得られない距離の情報を取得できるカメラです。深度カメラは通常の輝度画像に加えて、被写体までの距離を表す深度画像も同時に取得します。深度カメラは人間の両目のように少し離れた位置に配置された2つのカメラの視差を利用して距離を計算するステレオカメラや、光を発射してから反射して戻ってくるまでの時間を計測することで距離を求めるToF（Time of Flight）センサを用いる方法などがあります。このカメラは、スマートフォンの写真撮影における背景ぼかしや、自動運転車の障害物検知、ゲーム機のジェスチャー認識など、幅広い分野で活用されています。

次に分光カメラは、物体から反射される光のスペクトル（10項）を詳細に分析できるカメラです。私たちの眼や普通のカラーカメラは、赤・緑・青の3原色（39項）の情報を組み合わせることでさまざまな色を認識できますが、分光カメラは光の波長をより細かく分解して計測します。この技術により、例えば農作物の生育状態や食品の鮮度を非破壊で調べたり、車の塗装の細かな色の差異を詳しく分析したりすることができます。

最後に偏光カメラは、偏光（14項）の情報を捉えることができるカメラです。私たちの目では見分けられない光の性質を可視化できるため、プラスチック製品内部の歪みの測定や、撮影が難しい反射体の刻印などを際立たせることができます。

これら特殊なカメラは、それぞれ独自の見方で光の性質を捉え、さまざまな分野で活用されています。

要点BOX
- ●深度カメラは距離情報を取得
- ●分光カメラは光のスペクトル情報を取得
- ●偏光カメラは偏光情報を取得

さまざまなカメラ

深度カメラ

距離情報も取得

輝度画像
（明るさ）

深度画像
（被写体までの距離）

分光カメラ

スペクトル情報を取得
(カラーカメラより詳細な色情報を取得)

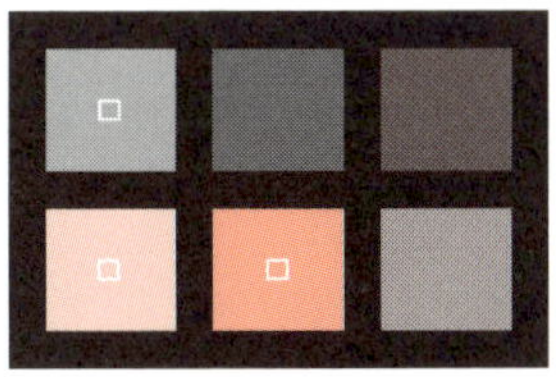

カラー画像
（赤、緑、青の明るさ）

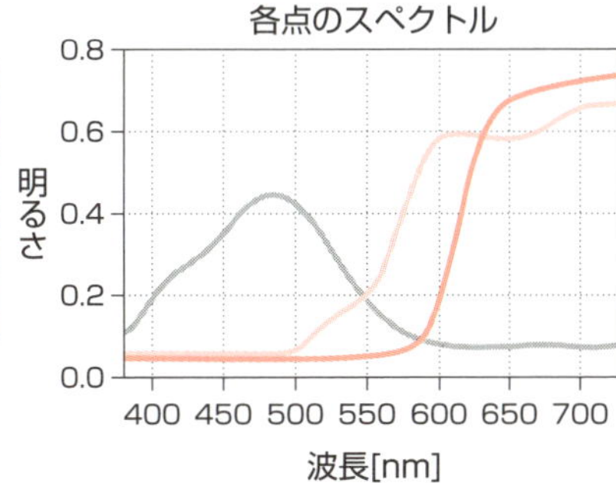

各点のスペクトル情報
（各波長の明るさ）

偏光カメラ

偏光情報を取得

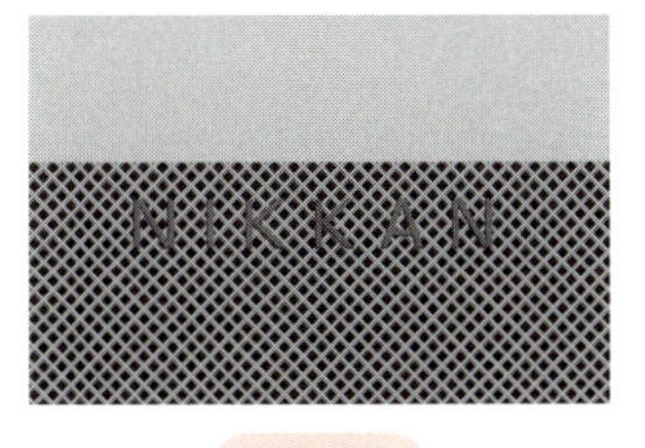

輝度画像
（明るさ）

偏光情報も用いた画像
（光の振動方向の情報も加味した画像）

用語解説

ToF(Time of Flight)：光を発射してから反射して戻ってくるまでの時間を計測することで距離を求める方法。光を照射して、反射光の情報を元に対象物までの距離を計測するLiDAR(Light Detection And Ranging) が使用する距離測定方法の１つ。

44 画像認識技術

カメラが見て考えて判断する仕組み

私たちは日々、目で見て、脳で認識しています。例えば、部屋の中の光景を見ただけで、どこに椅子があり、どこにテーブルがあるか瞬時に理解することができます。このような、画像を入力した認識処理をコンピュータにさせる技術が画像認識技術です。

画像認識技術は、大きく分けて3つの段階があります。まず、カメラで対象物を撮影して画像を取り込みます。次に、その画像から色、形、模様などの特徴を抽出します。最後に、抽出した特徴を基に、何が写っているのかを判断します。

この特徴の抽出や判断には、近年AIの実現に活用されている機械学習や深層学習と呼ばれる技術が使われます。機械学習では、大量の画像データを使って、コンピュータに「学習」をさせます。例えば、たくさんの猫の写真を見せて「これは猫です」と教えることで、コンピュータは猫の特徴を学習します。そして、新しい画像を見せられたときに、学習した特徴と照らし合わせて、それが猫かどうかを判断できるようになります。深層学習は、機械学習の一種で、神経細胞の仕組みを模倣したモデルを用いて、より複雑なパターンを学習できるため、画像認識の精度に大きな向上をもたらしました。

画像認識技術は、私たちの身近なところでたくさん使われています。例えば、最近のカメラの多くは、顔や眼を自動的に認識して、そこにピントを合わせます。また、最近の自動車は、前方の障害物を認識して自動的にブレーキをかけることができます。工場においては、機械が製品の外観を自動的にチェックし、キズや不良品を見つけ出すことができます。スマートフォンでは、顔の画像を元に個人を識別し、ロックを解除することができます。

このように、画像認識技術は、カメラによって捉えた画像をもとに、コンピュータに「見る力」を与え、私たちの生活をより便利で安全なものにしています。

要点BOX

- ●画像から特徴を抽出し何が写っているのかを認識
- ●機械学習で賢く判断可能に

画像認識技術の応用例

カメラ

顔や眼を自動的に認識して、そこにピントを合わせたり、適切な露出を設定する

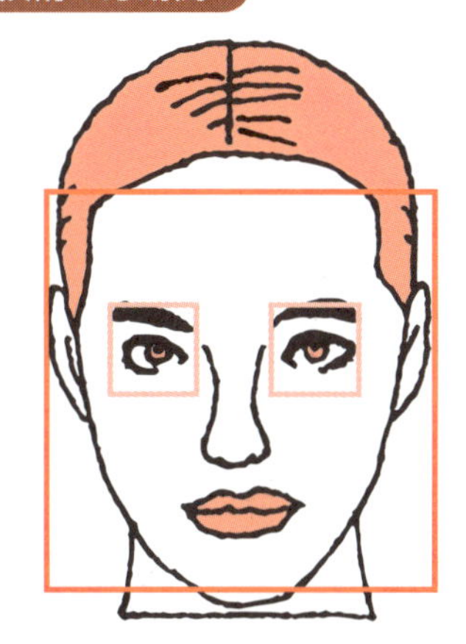

自動車

前方の障害物を認識して自動的にブレーキをかける

工場

機械が製品の外観を自動的にチェックし、キズや不良品を見つけ出す

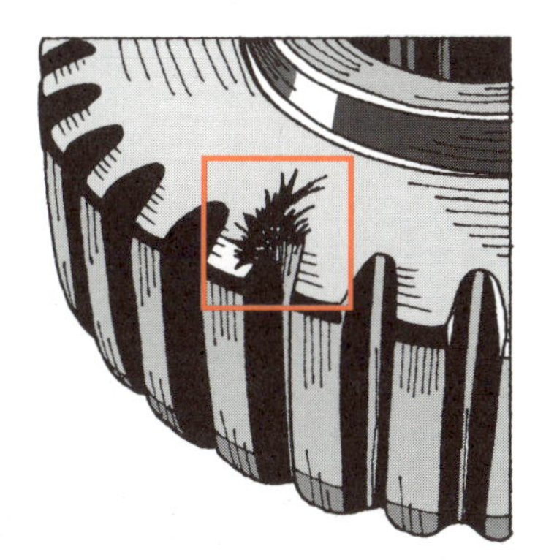

用語解説

機械学習（きかいがくしゅう）：大量のデータからパターンを学習し、新しいデータに対して予測や判断を行う技術。
深層学習（しんそうがくしゅう）：多層のニューラルネットワーク（神経細胞の仕組みを模倣したモデル）を用いた機械学習の一種、ディープラーニングとも呼ぶ。

Column

写真の歴史

写真の歴史は、小さな穴を通して光を取り込む「ピンホールカメラ（24項）」から始まります。この原理は紀元前から知られており、中世にはこの原理で壁に投影した像が、デッサンの補助として利用されるようになりました。この頃、レンズ（24項）の活用も始まります。レンズを使用することで、ピンホールよりも明るく鮮明な像を得ることができるようになりました。

19世紀前半には、像を記録する技術が開発されます。感光性のある物質を塗った板を使用し、8時間もの長時間露光で窓からの景色を撮影することができるようになりました。この長い撮影時間は、当時の感光材料の感度が低かったことを示しています。

その後、感度の高い銀化合物を感光材料とした銀板写真法が発表され、撮影時間が大幅に短縮されました。また、感光体をフィルムに塗布した写真フィルム（23項）が生まれ、写真撮影がより手軽になり、一般の人々にも広まっていきました。その後も写真フィルムの感度は徐々に向上し、撮影時間は短縮されていきました。

写真技術の発展は、静止画だけでなく動画の世界も切り開きました。19世紀後半には世界初の映画の上映が成功します。このとき、複数の写真による静止画を連続して映写することで動きを生み出す方法が用いられています（40項）。

20世紀後半になると、フィルムを使わずに画像をデジタルデータとして記録する（23項）新しい時代が始まりました。当初のデジタルカメラは解像度が低く、画質もフィルムカメラに及びませんでしたが、半導体技術などの進歩とともに急速に性能が向上していきました。

21世紀に入ると、デジタルカメラの性能は飛躍的に向上し、一般家庭にも広く普及しました。さらに、スマートフォンにカメラ機能が搭載されるようになり、いつでもどこでも手軽に写真を撮ることができるようになりました。現在では、画像処理技術（41項）により、撮影後の画像編集や補正も容易になっています。

このように、写真は小さな穴を通して光を取り込むという単純な原理から始まり、光学技術だけでなく、化学技術やデジタル技術を取り入れながら、現在の高度な撮影方法へと発展していきました。

第3章 さまざまな光学デバイス

45 光を操る素子

多彩な光学デバイス

私たちの身の回りには、光を巧みに操るさまざまな素子が存在します。これらは「光学デバイス」と呼ばれ、多様な働きをしています。光学デバイスは、カメラやスマートフォン、テレビなど、日常生活で使う機器から、医療機器や通信システムまで、幅広い分野で活躍しています。

光学デバイスの代表格としてレンズ（2章）がありますが、ほかにもさまざまなものがあります。まず、光を発生させる光学デバイスとして、光源（46項）は私たちの生活に欠かせません。発光ダイオード（LED）は省エネルギーで長寿命な光源として、照明や信号機、ディスプレイ（54項）などに広く使われています。また、特殊な光源としてレーザー（47項）があります。レーザーは非常に細く強い光を出すことができ、光ディスク（59項）の読み取り、医療での治療、工場での加工、光通信（56項）の光源など、多岐にわたる用途（48項）があります。

光を検出する光学デバイスも重要です。例えば、光センサ（49項）は自動ドアの開閉や街灯の自動点灯など、私たちの生活を便利にしています。また、デジタルカメラに使われている撮像素子（50項）は、光を画像として電気信号に変換することで、画像をデジタルデータとして取得します。

ここまで紹介したもの以外にも、多くの光学デバイスがあります。例えば、液晶（51項）は光の透過量を制御することで情報を表示し、光ファイバ（52項）は光信号を長距離伝送するのに使われます。

光学デバイスの性能を向上させるために、光学薄膜（53項）も重要です。これは、レンズやミラーの表面に薄い膜を付けることで、光の反射を抑えたり、特定の波長の光だけを透過させたりする技術です。身近なところでは、カメラやメガネのレンズに施されているコーティングなど幅広い用途に使用されています。

要点BOX
- ●光学デバイスは光を制御
- ●さまざまな光学機器の内部で活躍している

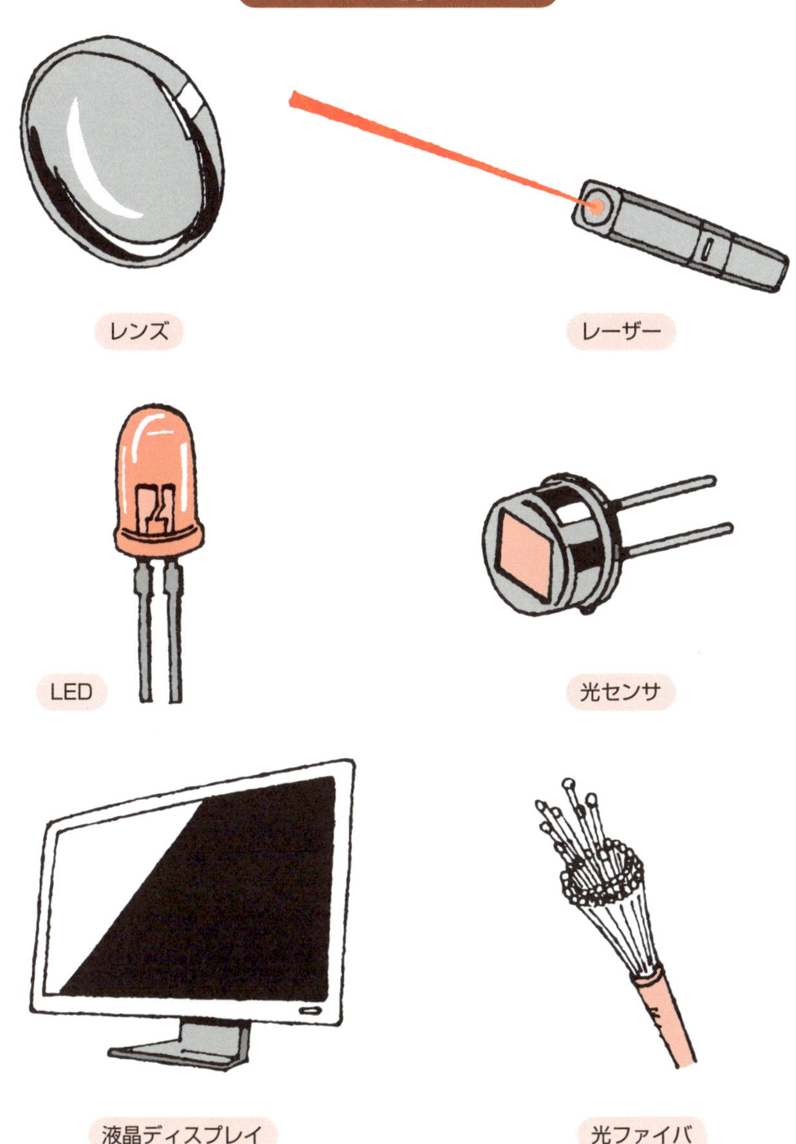

用語解説

撮像素子（さつぞうそし）：光を電気信号に変換する半導体素子。デジタルカメラやスマートフォンのカメラに使われている。
光学薄膜（こうがくはくまく）：レンズやミラーの表面に薄い膜を付ける技術。光の反射を抑えたり、特定の波長の光だけを透過させたりする。

46 光源と配光制御

太陽から人工光までさまざまな光とその制御

私たちの周りには、さまざまな光源が存在しています。光源とは、光を発する物体や装置のことを指します。

最も身近な光源である太陽光は、さまざまな波長の光が混ざった白色光です。晴れた日の太陽光の色温度（39項）は約5500K（ケルビン）で、その温度での黒体放射（20項）による光の色に相当します。

一方、人工的に作られた光源も私たちの生活に欠かせません。古くから使われてきた人工光源の一つが、白熱電球です。白熱電球は、電流を流すことでフィラメントを高温に熱し、その熱によって光を放射します。白熱電球は熱放射（20項）により光を発するため、高温を発生させる必要があり、エネルギーを光に変換する効率は良くありません。

最近では、発光ダイオード（LED）が急速に普及しています。LEDは、半導体に電流を流すことで直接光を発生させる仕組みです。LEDはエネルギー効率が高く、寿命が長いという利点があります。また、異なる色のLEDを組み合わせることで、多彩な色の光を作り出すこともできます。

さらに、単に光源から出る光があるだけでなく、その光をどのように扱うかも重要です。ここで登場するのが「配光制御」です。配光制御とは、光の進む方向や広がり方を意図的に制御する技術のことを指し、それを実現する光学系は「照明光学系」と呼ばれます。照明光学系は主に幾何光学（15項）を用いて設計され、レンズ（2章）やミラー（6項）などで構成されます。例えば、オフィスの天井にある照明器具は、配光制御により部屋全体を均一に明るく照らします。車のヘッドライトでは、対向車が眩しくないよう、レンズやミラーを使って光の方向を細かく調整しています。また、プロジェクタ（55項）は、照明光学系により、小さな光源から出た光を大きなスクリーンに均一に広げています。

要点BOX
- ●太陽光は自然の光源
- ●人工光源として白熱電球、LEDなどが存在
- ●配光制御で光の進む方向や広がり方を制御

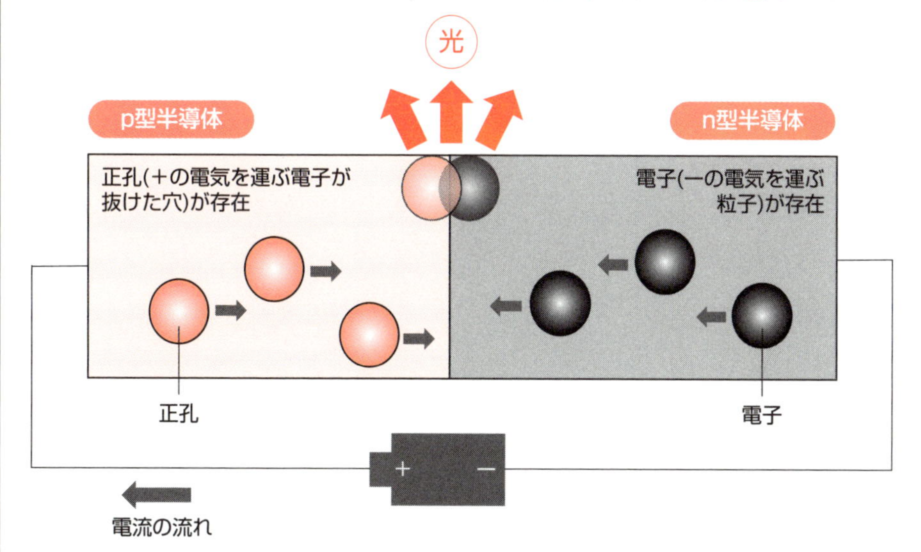

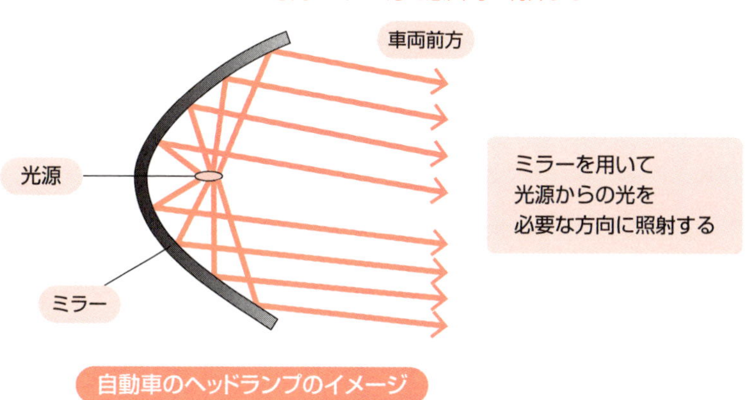

用語解説

発光(はっこう)ダイオード(LED)：電流を流すと発光する半導体素子。
配光制御(はいこうせいぎょ)：光の進む方向や広がり方を意図的に制御する技術。
照明光学系(しょうめいこうがくけい)：配光制御など光を適切に対象に投影する機能を実現する光学系。

47 レーザー

単色でまっすぐ進む光

光源にはさまざまな種類がありますが、その中でも特殊な性質を持つものとして「レーザー」があります。レーザーの名前の由来は「Light Amplification by Stimulated Emission of Radiation」（誘導放出による光増幅放射）という英語の頭文字を取ったものです。この名前が示すように、レーザーは特殊な方法で光を発生させ、増幅する装置です。

レーザー光の特徴として、高い指向性と単色性、干渉が起きやすいことが挙げられます。指向性とは、光が一方向にまっすぐ進む性質のことです。例えば、懐中電灯の光は広がりますが、レーザーポインタの光はほとんど広がらずに遠くまで届きます。これが高い指向性です。単色性とは、一つの波長（色）の光だけで構成されていることを意味します。通常の光はさまざまな波長の光が混ざっていますが、レーザー光はほぼ一つの波長の光だけでできています。また、可干渉距離（12項）が長いことで光の干渉を利用したさまざまな応用が可能になります。

レーザーでは自然放出（19項）と異なる、「誘導放出」という現象を利用します。誘導放出とは、エネルギーを持った物質に光が当たると、その光と同じ性質（波長や位相）を持つ光が放出される現象です。この誘導放出を効率よく起こすために、「反転分布」という状態を作ります。反転分布とは、通常の状態とは逆に、エネルギーの高い状態にある物質が多い状態のことです。

そして、誘導放出と反転分布を組み合わせて光を増幅するのが「共振器」です。共振器は、2枚の鏡で構成されており、その間に反転分布した物質（レーザー媒質）を置きます。一方の鏡は光をよく反射し、もう一方の鏡は少し光を通す半透明の鏡になっています。共振器内で光が往復するうちに誘導放出によって同じ波長と位相を持った光が増幅され、半透明の鏡を通ってレーザー光として外に出てきます。

要点BOX

●レーザー光は高い指向性、単色性、干渉が起きやすいことが特徴
●誘導放出を用いて発光

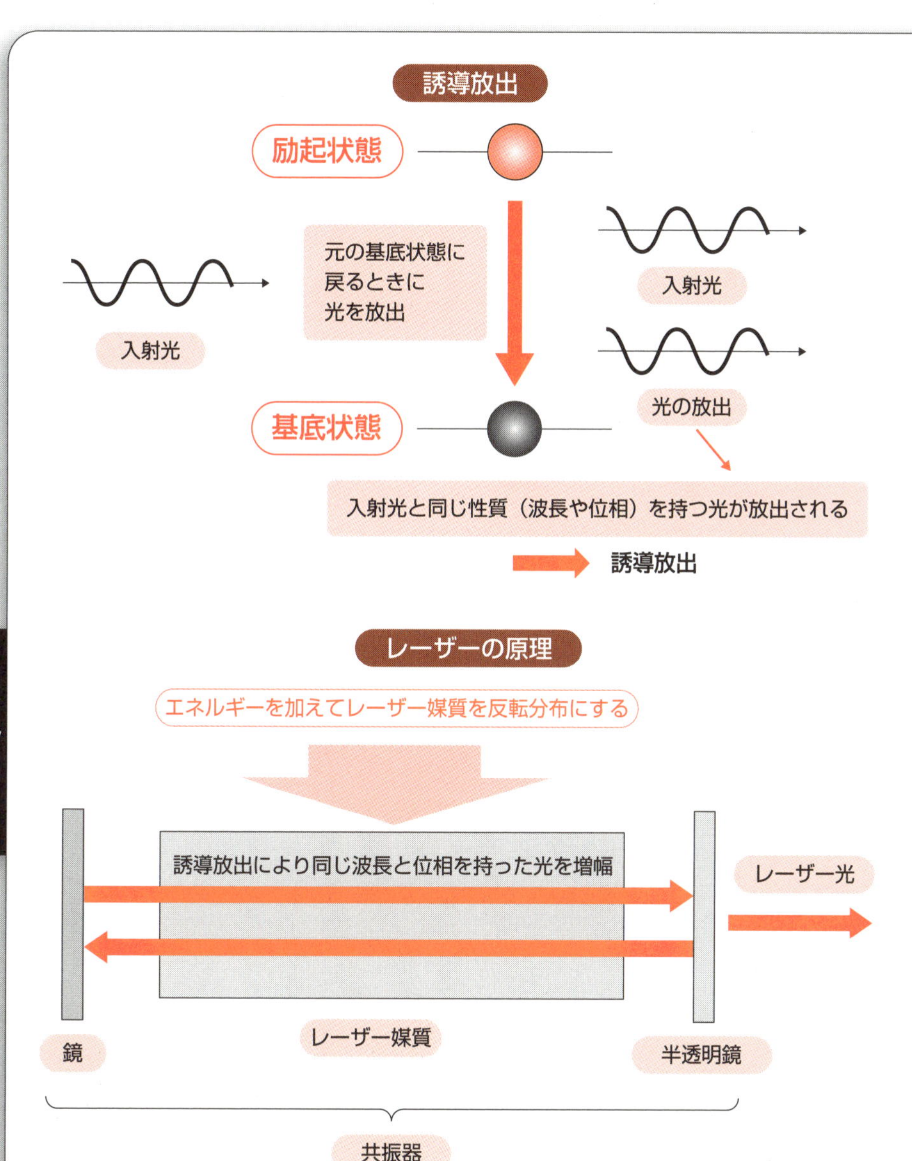

用語解説

可干渉距離（かかんしょうきょり）：光の波が規則性を保つことができる距離。この距離内で光は干渉を起こす能力を維持する。
誘導放出（ゆうどうほうしゅつ）：エネルギーを持った物質に光が当たると、その光と同じ性質の光が放出される現象。
反転分布（はんてんぶんぷ）：エネルギーの高い状態にある物質が多い状態。
共振器（きょうしんき）：2枚の鏡を対面に配置して特定の波長と位相の光を選択的に残す機構。
レーザー媒質（ばいしつ）：反転分布を起こし、レーザー光を発生させる物質。気体、固体、液体、半導体などがある。

48 さまざまなレーザー

多様なレーザーが生み出す応用例

レーザー（47項）は私たちの生活に深く浸透し、さまざまな場面で活躍しています。レーザーには多くの種類がありますが、その違いは主にレーザー媒質の違いに由来します。この媒質の特性によってレーザー光の波長や出力、用途が決まります。

上図は、さまざまな種類のレーザーとその用途の例を示しています。

まず、気体レーザーの一種である炭酸ガスレーザーは、その名の通り二酸化炭素を媒質とし、強力な赤外線（波長10・6㎛）を出します。このレーザーは金属の切断や溶接などに利用されています。

半導体レーザーは、ガリウムヒ素や窒化ガリウムなどの化合物半導体を媒質としており、小型で電気から光への変換効率が高いという特徴があります。波長は媒質の組成によって変えることができ、赤外から可視光まで幅広い波長の光を出せます。半導体レーザーは、光通信（56項）、光ディスクの読み取り（59項）、レーザープリンタ（60項）など、私たちの身近なところでよく使われています。

レーザーの応用は医療分野でも進んでいます。例えば、眼科では近視や乱視（38項）の矯正手術に角膜を精密に削ることができる紫外線（波長193㎚など）を出すエキシマレーザーが使われています。また、歯科治療用には、水分に吸収されやすい赤外線（波長2・94㎛）を出すエルビウムYAGレーザーが使われ、虫歯の部分だけを効率的に除去できます。

もし欲しい波長にちょうど良いレーザー媒質がない場合には、「非線形光学効果」を用いた波長変換が使われます。非線形光学効果はレーザー光のように強い光が物質に入射したときに起こる現象です。強い光を物質に入射すると、物質内の電子の応答が入射光の強度に比例しなくなり、入射光とは異なる波長の光が生成されます。これを用いると、例えば元の半分の波長のレーザー光を作ることができます。

要点BOX
- ●レーザー媒質の違いで種類が決まる
- ●日常生活、産業から医療まで幅広く活用
- ●波長変換技術でさらに用途が広がる

さまざまなレーザーとその応用

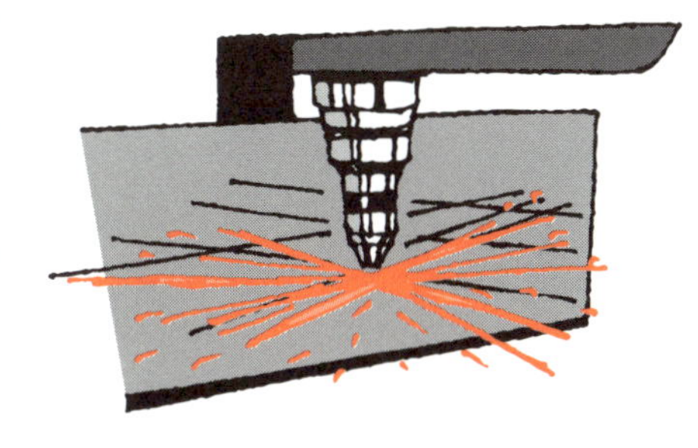

炭酸ガスレーザー：金属加工

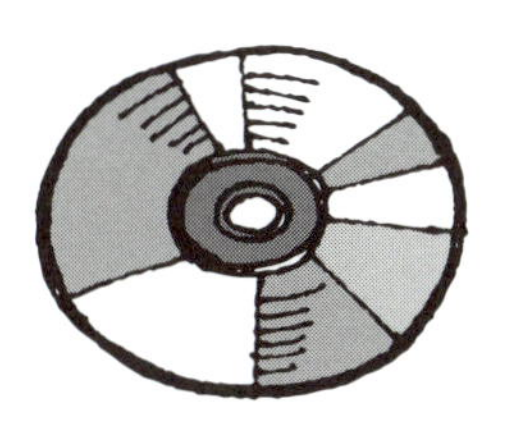

半導体レーザー：光ディスクの読み取り

半導体レーザー：レーザープリンタ

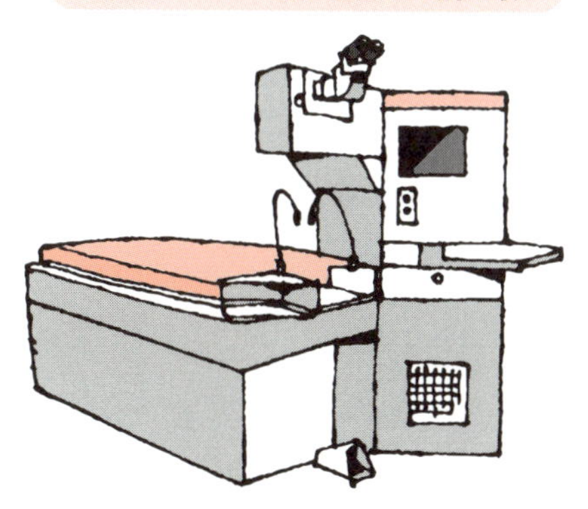

エキシマレーザー：眼の矯正手術

非線形光学効果による波長変換の例

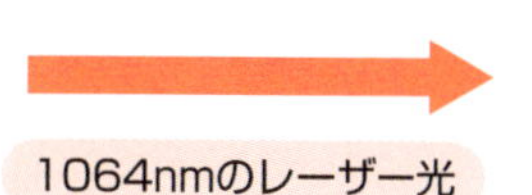

非線形光学結晶

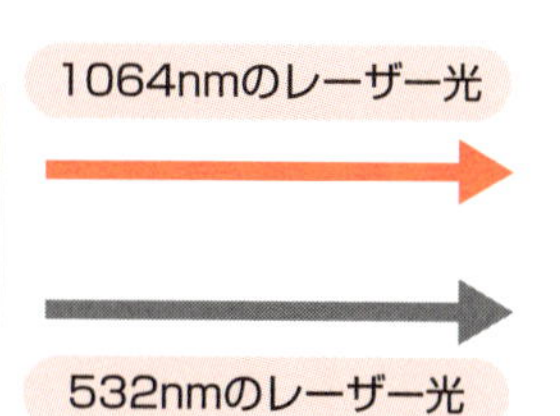

非線形光学効果を示す結晶

用語解説

YAG（ヤグ）：イットリウム（Y）、アルミニウム（Al）、ガーネット（Garnet）の化合物。結晶がレーザー媒質として広く使用される。

非線形光学効果（ひせんけいこうがくこうか）：レーザー光のように強い光が物質に入射したときに起こる現象。強い光を物質に入射すると、物質内の電子の応答が入射光の強度に比例しなくなることによって起こる。

49 光センサ

光を電気に変える

私たちの身の回りには、光を感知して電気信号に変える「光センサ」が数多く使われています。例えば、スマートフォンの画面の明るさを自動調整する機能や、デジタルカメラの撮像素子（50項）、自動ドアの開閉センサなど、光センサは日常生活のあらゆる場面で活躍しています。

光センサにはさまざまな種類があり、それぞれ特徴が異なります。例えば、「フォトダイオード」は、光が当たると電流が流れる半導体素子です。応答速度が速く、広い波長範囲の光を検出できるため、光通信（56項）や光ディスク（59項）の読み取りなど幅広く使われています。

上図は、フォトダイオードの基本的な構造と動作原理を示しています。光が当たると、光のエネルギーが物質中の電子を励起（19項）し、電子が自由に動けるようになる光電効果（17項）により、半導体内部で電子と正孔（電子の抜け穴）が生成され、電流が流れます。これはちょうどLED（46項）の発光と反対の原理となります。光の強さが強くなるほど、流れる電流も大きくなります。太陽光発電に使われるソーラーパネルもこれと同様の原理が使われています。

フォトダイオードでは検出できない波長にある赤外線を検出するセンサの例として、「焦電型赤外線センサ」があります。これは、物質の温度変化によって、その表面に電荷が現れる現象（焦電効果）を利用したセンサです。人体から放射される赤外線を検知して温度変化を電気信号に変換するため、人感センサとして広く使われています。

光センサの性能を表す重要な指標として、使用できる波長範囲と感度、応答速度があります。感度は、どれだけ微弱な光を検出できるかを表し、応答速度は、光の強さの変化にどれだけ速く反応できるかを示します。用途に応じて、これらの特性のバランスを考慮しながら、適切な光センサが選択されます。

要点BOX

- ●光センサは光を電気信号に変換
- ●使用できる波長範囲と感度、応答速度によりさまざまなセンサが存在する

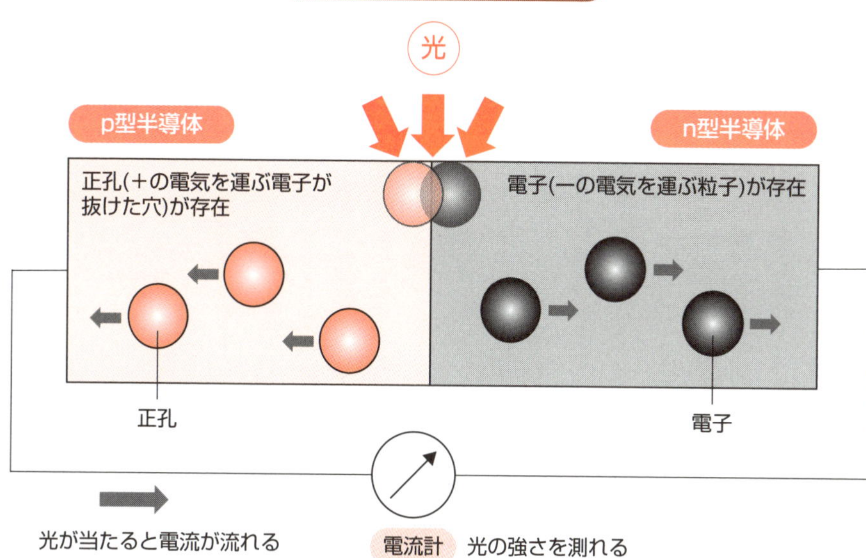

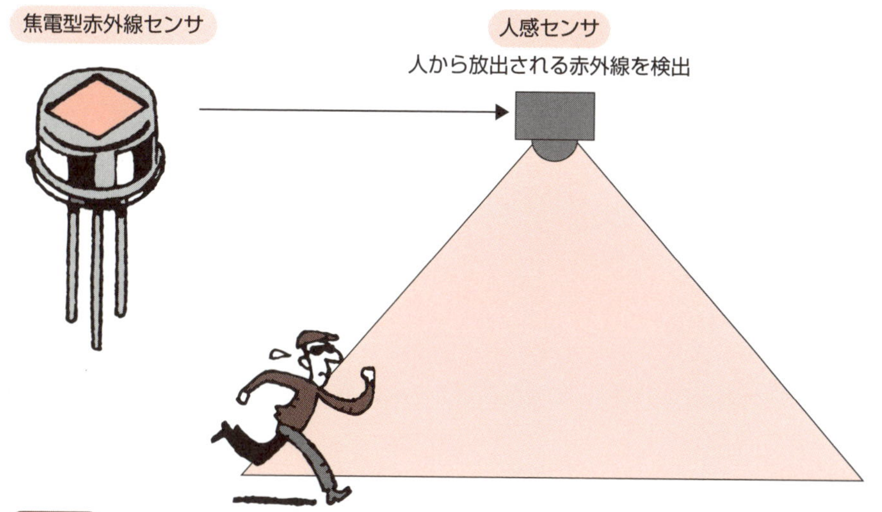

用語解説

励起（れいき）：物質が光やエネルギーを吸収することで、電子が通常よりも高いエネルギー状態になること。

50 撮像素子

カメラの目となる光センサの働き

デジタルカメラで写真を撮影するとき、実際に光を受け取って画像情報を作り出しているのが「撮像素子」です。撮像素子は、イメージセンサとも呼ばれ、カメラの目の役割を果たす重要な部品です。

撮像素子は、多数の小さな光センサ（画素）が敷き詰められた構造をしています。それぞれの画素は、光を電気信号に変換するフォトダイオード（49項）でできており、光が当たると、その強さに応じた電気信号が発生します。これにより、撮像素子は光の強弱を画素ごとに捉えることができます。

しかし、フォトダイオードだけでは光の強弱しかわかりません。そこで、色の情報を取得するために「カラーフィルタ」が使われます。カラーフィルタは、3原色（39項）である赤、緑、青の3色のフィルタを、それぞれの画素の上に配置したものです。

撮像素子には、大きく分けて2種類あります。1つは「CCD（Charge Coupled Device）センサ」、もう1つは「CMOS（Complementary Metal Oxide Semiconductor）センサ」です。CCDセンサは高画質ですが消費電力が大きく、CMOSセンサは消費電力が小さく製造コストが安いという特徴があります。近年の技術進歩により、CMOSセンサの画質が向上し、現在ではほとんどのデジタルカメラやスマートフォンではCMOSセンサが使われています。

撮像素子の性能を向上させるために、さまざまな工夫がなされています。その1つが「マイクロレンズ」です。これは、各画素の上に配置された小さなレンズで、光を効率よくフォトダイオードに集める役割があります。

単純なフォトダイオードに代えて他の光センサを用いることで、サーモグラフィで用いられる赤外線を検出する撮像素子や、被写体までの距離を表す深度画像（43項）を取得する撮像素子なども作ることができます。

要点BOX
- ●画素ごとに光を電気信号に変換
- ●カラーフィルタで色の情報を取得

撮像素子の役割

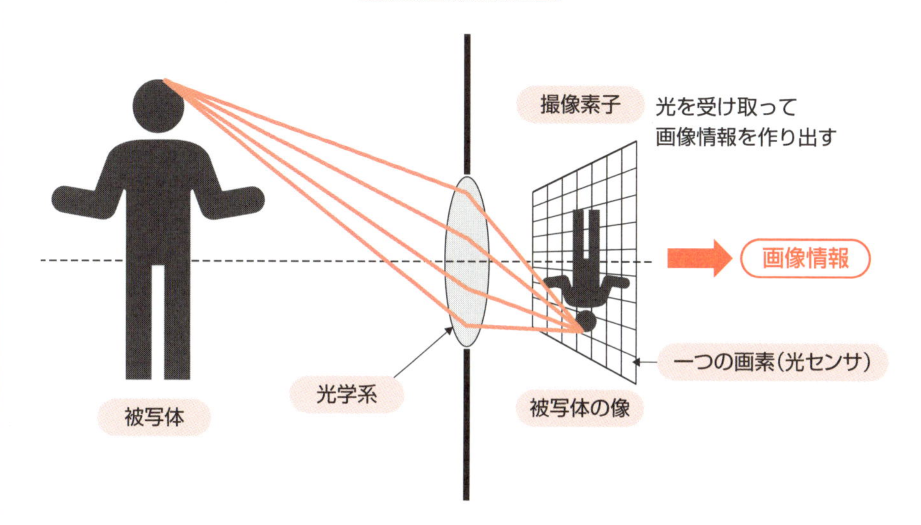

撮像素子の断面構造イメージ

マイクロレンズ　光を効率よくフォトダイオードに集める

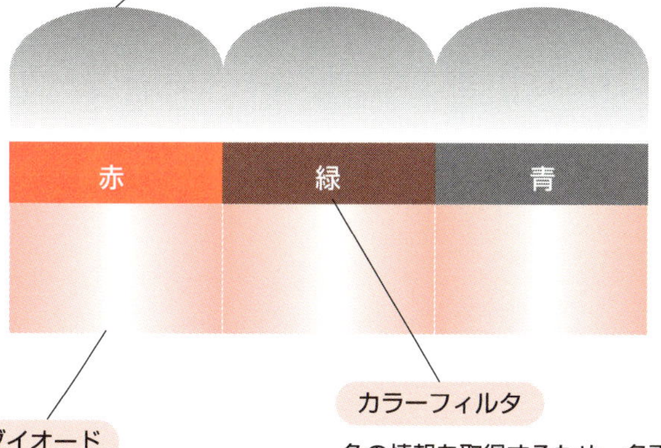

カラーフィルタ
色の情報を取得するため、各画素に入る色を限定する

フォトダイオード
光の強さを電気信号に変換する

用語解説

フォトダイオード：光の強さを電気信号に変える半導体素子。

51 液晶

光のスイッチ

液晶はその名前の通り、液体と結晶の中間的な性質を持ち、光のスイッチとして利用されています。

液晶の特徴は、電気を使って光の通り方をコントロールできることです。これは、液晶分子が電気の影響を受けて向きを変えるという性質を利用しています。電圧がかかっていないときは、液晶分子はねじれた構造を取っていますが、電圧をかけると分子が整列します。この分子の配列の変化が、光の通り方に大きな影響を与えます。

上図は、液晶分子の配列と電圧の関係を示しています。電圧をかけていない状態では、液晶分子がらせん状に並んでいるのに対し、電圧をかけると分子が整列します。

液晶を光のスイッチにするには偏光（14項）を利用します。通常の光は、あらゆる方向に振動していますが、偏光板を通すと、特定の方向にのみ振動する光を取り出せます。

液晶ディスプレイの基本的な構造は、2枚の偏光板で液晶層を挟んだものです。1枚目の偏光板を通った光は、液晶層を通過する際に、その分子配列によって偏光の向きが変わります。電圧をかけていないときは、2枚目の偏光板を通過できるように偏光の向きが変わりますが、電圧をかけると液晶分子が整列して偏光の向きが変わらず、2枚目の偏光板を通過できなくなります。つまり、電圧のオン・オフで光を通すか遮るかを制御できます。

ここでは、TN型と呼ばれる液晶の原理を解説しましたが、他にもさまざまなタイプの液晶が使われています。

この原理を利用して、液晶はパソコンやスマートフォンのディスプレイ、調光ガラスなどさまざまな場所で活躍しています。

要点BOX
●液体と固体の性質を併せ持つ
●電気で分子の配列を変え、光を制御

液晶分子の配列と電圧の関係

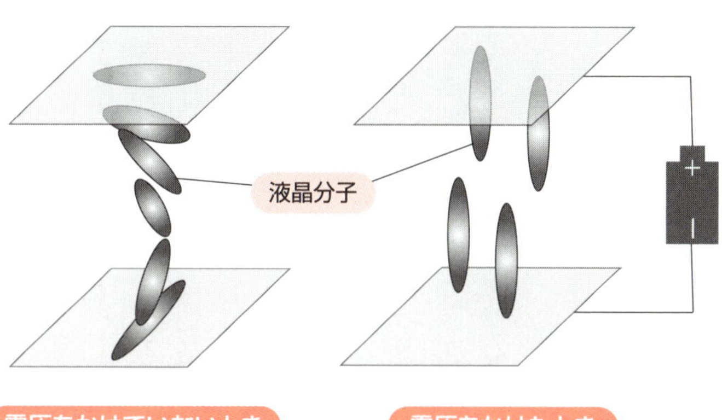

液晶ディスプレイの構造

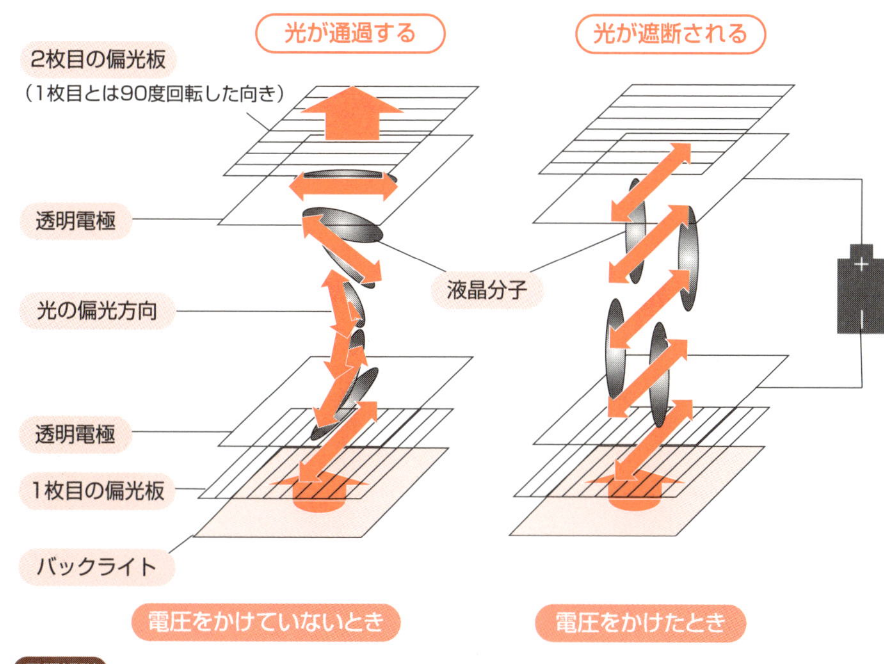

用語解説

偏光(へんこう)：光の振動方向が特定の方向に限定された状態。
偏光板(へんこうばん)：特定の方向の振動成分のみを通す光学素子。

52 光ファイバ

細い糸で世界をつなぐ

私たちが普段使っているインターネットは、光ファイバを使った通信網によって支えられています。光ファイバとは、とても細い透明な糸で、その中を光が通ることで情報を伝えることができます。

光ファイバの仕組みは、光の全反射（5項）を利用しています。光ファイバは、屈折率の高いガラスやプラスチックでできた芯（コア）を、屈折率の低いガラスやプラスチックの外皮（クラッド）で覆った構造をしています。コアに入った光は、コアとクラッドの境界で全反射を繰り返しながら、光ファイバの中を進んでいきます。

上図は、通信用光ファイバの基本的な構造と、光が全反射しながら進む様子を示しています。コアの直径は、人間の髪の毛よりも細く、わずか数㎛（マイクロメートル）から数十㎛しかありません。

通信用の光ファイバには、主に2つの種類があります。1つは「シングルモード光ファイバ」で、もう1つは「マルチモード光ファイバ」です。シングルモード光ファイバは、コアの直径が非常に小さく（約10㎛）、1つの光の経路だけを伝送します。一方、マルチモード光ファイバは、コアの直径が比較的大きく（約50㎛）、複数の光の経路で伝送します。

シングルモード光ファイバは1つの光の経路しかないため、入射した光が先まで届く時間がばらつかず長距離通信に適していますが、接続が難しいという特徴があります。一方、マルチモード光ファイバは接続が比較的容易で短距離通信に適しています。

光ファイバの応用は通信分野だけではありません。医療分野では、内視鏡に使われており、体内の様子を観察するのに役立っています。また、光ファイバを通る光の特性を分析することで、光ファイバにかかる温度や圧力、振動などを計測することも可能で、建築物や橋などのモニタリングなどにも活用されています。

要点BOX

- ●光ファイバは全反射を用いて光を伝送
- ●通信や医療など幅広く活用

光ファイバの構造

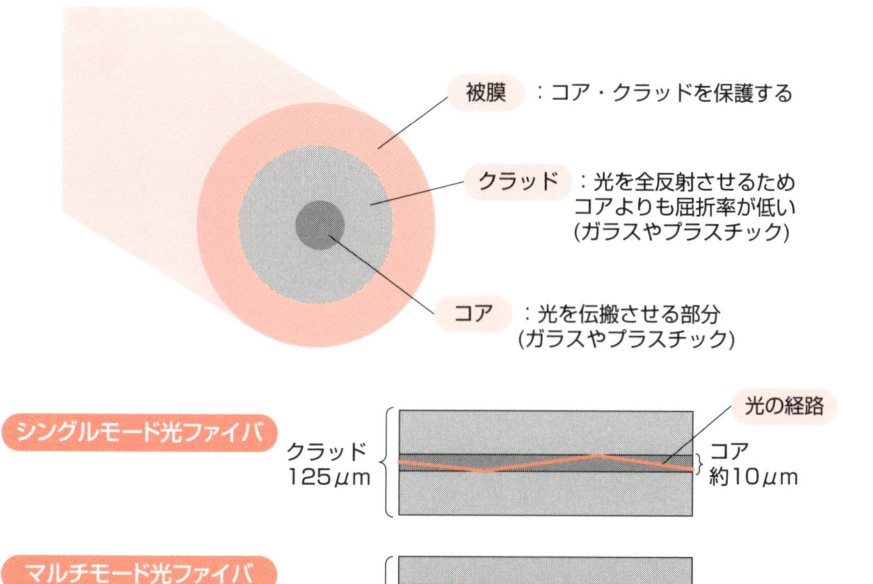

光ファイバの応用用途

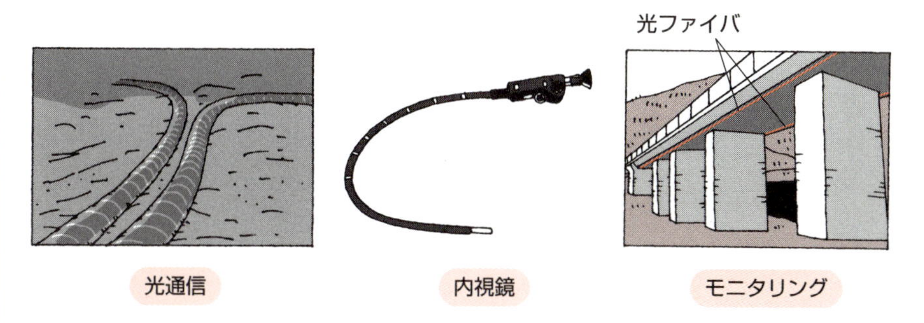

光通信　内視鏡　モニタリング

用語解説

全反射（ぜんはんしゃ）：光が屈折率の高い物質から低い物質に向かうとき、ある角度以上で入射するとすべての光が反射される現象。

コア：光ファイバの中心部分で、光が通る部分。

クラッド：コアを取り囲む外側の部分。

53 光学薄膜

光の反射と透過を調整する薄い膜

さまざまな光学デバイスや光学機器に用いられる技術として「光学薄膜」があります。光学薄膜とは、ガラスやプラスチックなど光学材料の表面に形成された、非常に薄い膜のことです。この薄い膜によって、光の反射を防いだり、特定の波長のみを通過させたりすることができます。

光学薄膜は光の干渉（12項）を利用して光を調整します。上図は、光学薄膜を用いた反射防止コートの例を示しています。ガラスの表面に薄い膜を塗ると、ガラスの表面で反射する光と、膜の表面で反射する光の2つができます。この2つの反射光が互いに打ち消し合うように上手く膜の厚さを調整すると、反射を抑えることができます。

光学薄膜は、単層の膜だけでなく、複数の屈折率が異なる層を重ねた多層膜も使われます。多層膜を使うと、より複雑な光の制御ができます。例えば、より反射防止の効果を高めたり、ある特定の波長だけを通す色フィルタを作ったりすることができます。

光学薄膜は、私たちの生活のさまざまな場面で活躍しています。例えば、メガネのレンズには反射防止コートが施されており、反射を減らしより鮮明に物が見えるようになっています。カメラのレンズにも光学薄膜が使われています。レンズの表面に反射防止コートを施すことで、不要な反射を繰り返す光を減らし、鮮明な写真を撮影できるようになります。

反射防止用途の光学薄膜以外に特定の波長の光のみを通したり、特定の波長の光のみを遮断したりする光学薄膜もあります。例えば、多くのデジタルカメラには、写真を自然な色で撮影できるよう、撮像素子（50項）の前で、光学薄膜を利用して目に見えない赤外線を遮断しています。

このように、光学薄膜は私たちの身近なところで、目立たない形でさまざまな用途で活躍しています。

要点BOX

- 表面に薄い膜を作ることで光の干渉を用いて光を調整
- 身近な製品にも使われている

光学薄膜による反射防止コートの原理

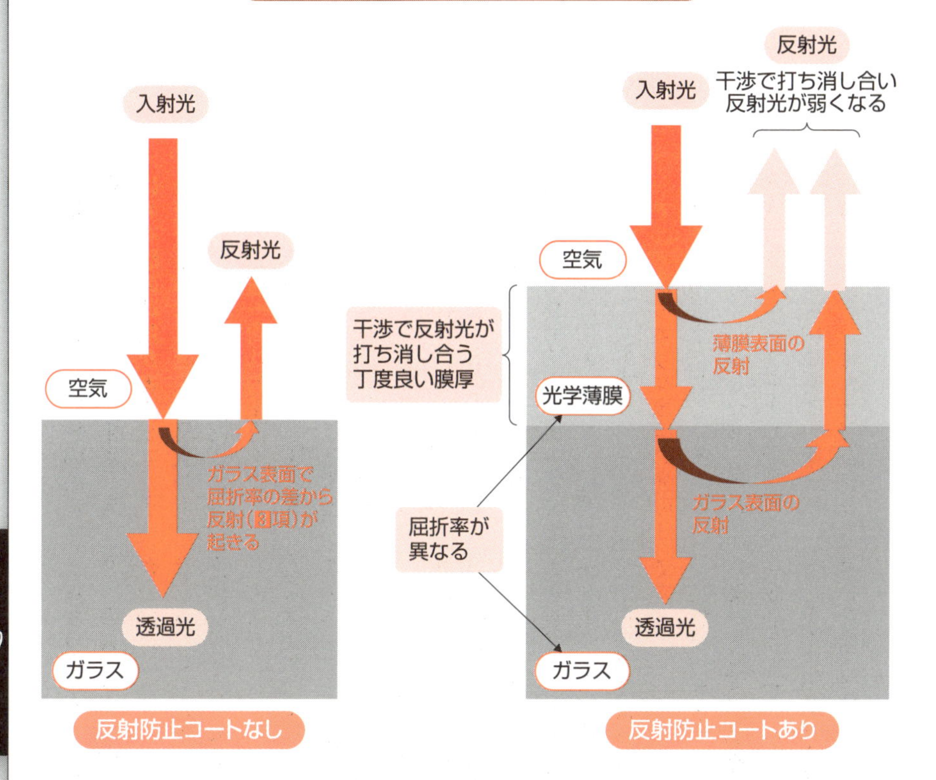

光学コーティングの応用

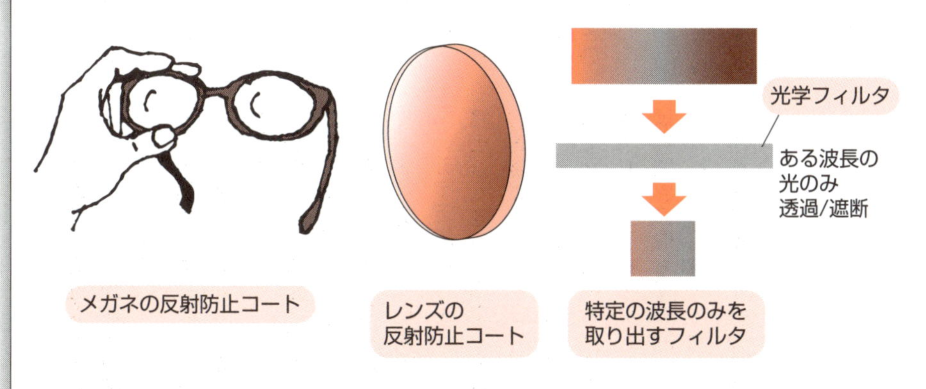

用語解説

干渉（かんしょう）：波と波がぶつかったときに、互いに強め合ったり打ち消し合ったりする現象。
多層膜（たそうまく）：複数の薄い膜を重ねたもの。

Column

光の速度

私たちには光はほぼ瞬間的に届くように感じられますが、光にも有限の速度があります。その速度は非常に速く、真空中では約30万キロメートル毎秒です。地球の赤道一周は約4万キロメートルなので、光は1秒間に地球を約7周半も回れるほどの速さです。雷が光って見えてからゴロゴロという音が聞こえるまでの時間差は、光の速度が音の速度に比べて圧倒的に早いことを示しています。光の速度は音速の約90万倍も速いため、雷光はほぼ瞬時に見えますが、雷鳴は遅れて聞こえます。

では、このような高速の光の速度をどのようにして測ることができたのでしょうか？ 光の速度を測定しようとする試みは、光の速度が有限であると考えた17世紀のガリレオ・ガリレイまでさかのぼります。ガリレオは、2人の人間がランプを持って離れた地点に立ち、一方が光を見せたら、もう一方もすぐに光を見せる、という方法で光の速度を測ろうとしました。しかし、光の速度があまりにも速いため、この方法では測定できませんでした。

その後、17世紀後半には天文学的な観測から光の速度が有限であることが明らかになりました。木星の衛星が木星の影に隠れるタイミングを観察し、地球が木星に近いときと遠いときの差から光の速度が推測されたのです。

19世紀になると、歯車を使った実験で地上での光速測定実験が成功します。光源から出た光は、回転する歯車の隙間を通り、遠くの鏡で反射して戻ってきます。歯車の回転速度を上げていくと、往復した光が次の歯車で遮られるようになります。このときの歯車の歯の数、回転速度と光の往復距離から、光の速度が計算されました。

20世紀に入ると、アインシュタインの特殊相対性理論により、光速度の普遍性が明らかになりました。例えば、高速で移動している宇宙船の中で測定しても、静止した地点で測定しても、光の速度は同じ値になります。

このように、光の速度は科学の発展とともに明らかになってきました。現在では、光の速度は自然界の最も基本的な定数の一つとして、科学技術のさまざまな場面で重要な役割を果たしています。

第4章

光学の応用

54 ディスプレイ

ブラウン管から次世代技術まで

ディスプレイは情報を視覚的に伝える重要な役割を果たし、私たちの生活に欠かせない存在です。

ディスプレイには古くからブラウン管が使われてきました。ブラウン管は電子を発射する装置から放出された電子ビームを蛍光体が塗られた画面に当てることで映像を表示します。上図は、ブラウン管の基本的な構造を示しています。電子銃から放出された電子ビームは、偏向コイルで作られた磁場によって向きを変えられ、画面上の適切な位置に導かれます。電子ビームが蛍光体に当たると、蛍光（19項）によりその部分が光り、電子ビームを走査することで映像が形成されます。ブラウン管テレビは長年にわたって家庭で使われてきましたが、大きく重い上、消費電力が大きいという欠点がありました。

ブラウン管に代わって登場したのが、液晶（51項）ディスプレイです。液晶ディスプレイは、電圧を加えることで液晶分子の向きを変え、光の透過量を制御することで映像を表示します。液晶自体は発光しないため、バックライトと呼ばれる光源を使用します。液晶ディスプレイは薄くて軽いため、ノートパソコンやスマートフォンなど、携帯性が求められる機器に広く使われるようになりました。

さらに進化したのが有機ELディスプレイです。有機ELディスプレイは、電流を流すと発光する有機化合物（有機EL材料）を使用しています。各画素が自ら発光するため、バックライトが不要で、より薄く作ることができます。また、黒の表現が優れており、コントラストの高い鮮明な映像を楽しむことができます。

現在、次世代のディスプレイ技術として注目されているのが、マイクロLEDです。マイクロLEDは、非常に小さいLED（46項）の画素を画面上に配列したもので、高輝度、高コントラスト、低消費電力という特徴を持っています。

要点BOX

- ●液晶、有機EL、マイクロLEDなど、表示方式が大きく進化している
- ●高画質化／小型軽量化／省エネ性能の追求

ブラウン管の動作原理

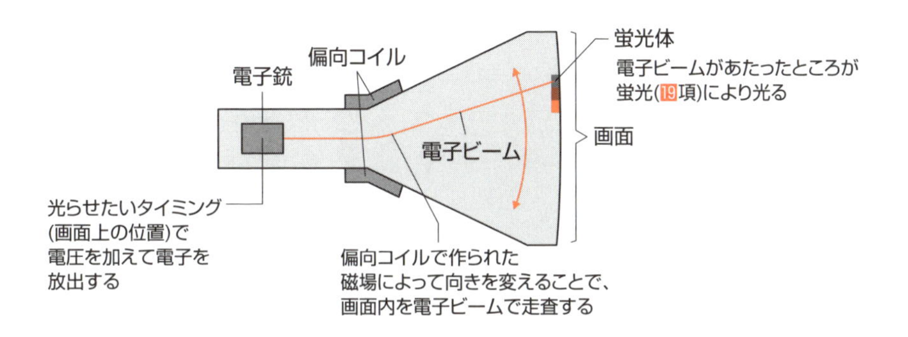

各ディスプレイの断面構造イメージ

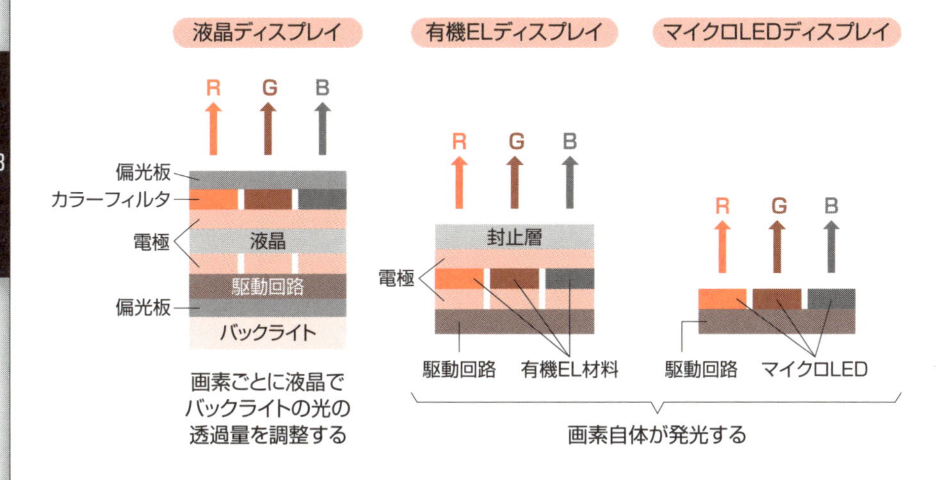

用語解説

ブラウン管(かん)：真空管の一種で、電子ビームを蛍光体に当てて映像を表示するディスプレイ。
磁場(じば)：磁石や電流によって空間に生じる力の場。磁気の影響が及ぶ範囲を表し、その中では電荷を持つ粒子に力が働く。
蛍光(けいこう):(ブラウン管では)電子ビームが蛍光体に衝突することで、蛍光体の電子が励起され、それが基底状態に戻る際に光を放出する現象。
液晶(えきしょう)ディスプレイ: 液晶分子の向きを電圧で制御し、光の透過量を調整することで映像を表示するディスプレイ。
有機(ゆうき)ELディスプレイ: 電流を流すと発光する有機EL材料を用いた、各画素が自ら発光するディスプレイ。
マイクロLEDディスプレイ: 微小なLEDを画素として用いた、高輝度、高コントラスト、低消費電力のディスプレイ。

55 プロジェクタ

映像を投影する仕組みとその活用

プロジェクタは、大きなスクリーンに映像を投影する装置です。会議室やホームシアター、さらには映画館など、さまざまな場所で活用されています。

プロジェクタの基本的な仕組みは、光源から出た光を表示デバイスで制御し、レンズを通して拡大投影するというものです。上図は、プロジェクタの基本構造を示しています。光源から出た光は、表示デバイスに当たります。表示デバイスは、入力された映像信号に応じて光を制御して像を形成します。作られた光の像は投影レンズを通って拡大され、スクリーンに映し出されます。

プロジェクタの表示方式には、表示デバイスで分けると主に3種類あります。1つ目は透過型液晶方式で、透過型の液晶パネルを使って光を制御します。2つ目はDLP（Digital Light Processing）方式で、DMD（Digital Micromirror Device）と呼ばれる微小な鏡の集まりを使います。それぞれの鏡が映像信号に応じて傾きを変え、光の反射方向を制御します。3つ目は、LCOS（Liquid Crystal on Silicon）方式で、シリコン基板の上に液晶層を形成した反射型の液晶パネルに光を反射させ制御します。

光源には、明るい部屋でも見やすく投影するため非常に明るいものが必要で、従来は高圧水銀ランプが使われていましたが、最近では省電力で長寿命のLED（46項）やレーザー（47項）が使われるようになっています。特にレーザー光源は、高輝度で色再現性に優れているため、大型のシネマ用プロジェクタなどに採用されています。

デジタルシネマと呼ばれる現代の映画上映システムでは、従来の映画フィルムに代わり、デジタルデータを投影する高性能なプロジェクタが使用されています。また、焦点距離が短い投影レンズを搭載し、スクリーンのすぐ近くに置いても大きな映像を投影できる超短焦点プロジェクタも登場しています。

要点BOX
- ●光源と表示デバイスで像を形成し、投影レンズでスクリーンに拡大投影する
- ●主に3種類の表示方式がある

プロジェクタの原理

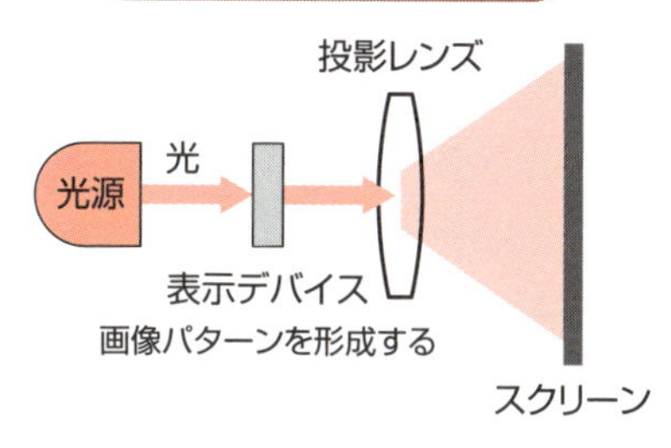

液晶プロジェクタの原理

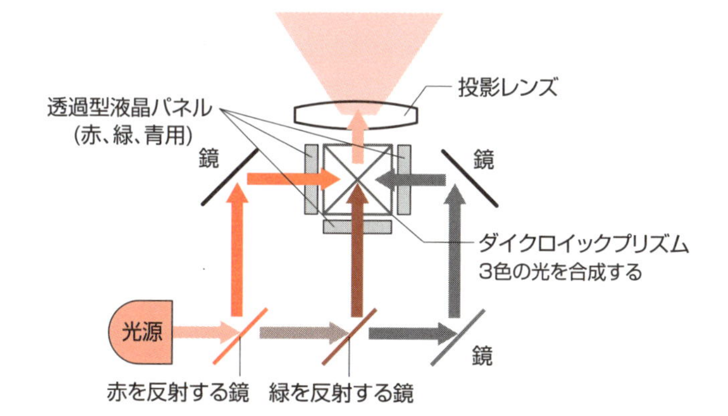

DLP方式プロジェクタの原理

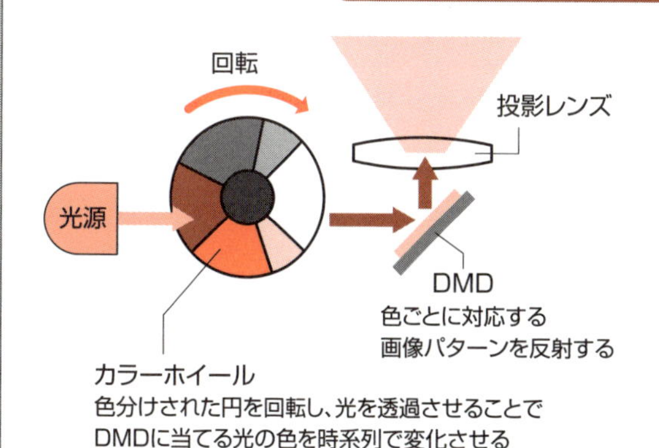

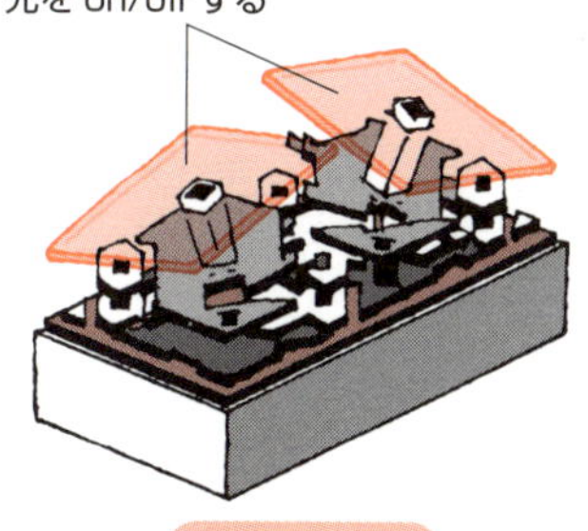

DMD の構造

用語解説

DMD：微小な鏡を多数並べた表示デバイス。それぞれの鏡の角度を変えることで光の反射を制御する。
デジタルシネマ：デジタル技術を使用した映画の撮影、編集、配給、上映のシステム。従来の映画フィルムを使用しない。

56 光通信技術

光がつなぐ地球規模のネットワーク

私たちは日々、インターネットを通じて世界中の情報にアクセスしています。この便利な通信を支えているのが光通信技術です。光通信とは、光を使って情報を送る技術のことを指します。電気信号や無線を使う通信方式と比べて、光通信は非常に高速で大容量の情報を送ることができます。

光通信システムは、大きく分けて3つの重要な要素から構成されています。それは「光源」「伝送路」「受光素子」です。光源は情報に合わせて光を出す装置で、一般的には半導体レーザー（48項）が使われます。伝送路は光を運ぶ経路で、主に光ファイバ（52項）が使用されます。そして受光素子は、主にフォトダイオード（49項）が使われます。

光通信の送信側では、まず電気信号に変換された情報（例えば、私たちが入力したメッセージや写真のデータ）をレーザー光源に送ります。レーザー光源は、この電気信号に応じて光の強さを変化させます。その光は光ファイバに送られ、長距離を移動します。受信側では、受光素子が光を受け取り、再び電気信号に変換します。このようにして、情報が光の形で送られます。

光通信の大きな特徴は、その高速性と大容量性です。例えば、光ファイバ1本で1秒間に数テラビット（1テラビットは1兆ビット）もの情報を送ることができます。これは、映画数百本分のデータ量に相当します。また、光ファイバは電気ケーブルと比べて信号の減衰が少なく、長距離伝送に適しています。

現在、世界中の海底には海底ケーブル網が張り巡らされており、大陸間の高速通信を可能にしています。例えば、日本からアメリカまでの通信も、この海底ケーブルを通じて行われています。長距離を伝わる光信号は徐々に弱くなるため、海底ケーブルの途中には光信号を増幅する中継機が設置され、長距離通信が可能になっています。

要点BOX
●光ファイバで情報を高速伝送
●光源、伝送路、受光素子で通信を実現

光通信の基本的な仕組み

光ファイバ

半導体レーザー — フォトダイオード

光源　伝送路　受光素子

世界の海底ケーブル網

海底にある中継機

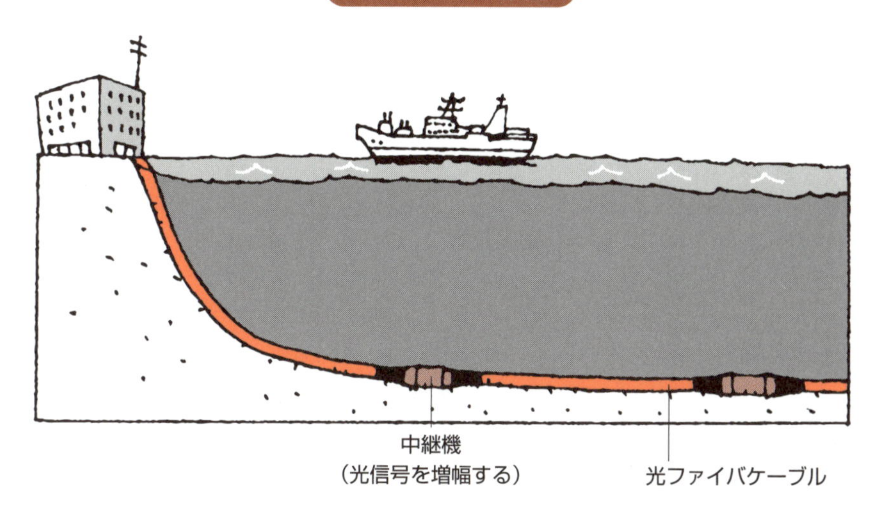

57 光通信の大容量化

光で情報をたくさん送る仕組み

なぜ光通信（56項）は他の通信方式よりも大量の情報を送ることができるのでしょうか？ その理由の一つは、光の周波数が非常に高いことです。私たちが普段使っている携帯電話などの無線通信の電波の周波数と比べて、光の周波数はその10万倍にも及びます。通信では一般的に、周波数が高いほど多くの情報を送ることができます。これは、周波数が高いほど1秒間に送れる信号の数が増えるからです。

さらに、光通信では波長分割多重という技術を使って情報量を増やしています。これは、一本の光ファイバの中に波長の少しずつ異なる光を同時に流す方法です。波長分割多重は、波長の異なる光をそれぞれ別々の情報を乗せて合波器により合わせて送り、受信側で分波器により分けて取り出します。これは、虹の7色のように光をいくつかの色に分けて、それぞれの色で別々の情報を送るようなイメージです。

また、最近では空間分割多重という新しい技術も研究されています。これは、一本の光ファイバの中を進む光の経路（コア）を複数用意し、それぞれのコアで別々の情報を送る方法です。一本の道路を複数の車線に分けて、それぞれの車線で別々の車を走らせるようなものです。

さらに、先端の光通信技術としてデジタルコヒーレント光通信技術が使用されています。この技術は、光の波としての性質（8項）をより精密に制御し、デジタル信号処理を組み合わせることで、従来よりもさらに多くの情報を送ることができます。デジタルコヒーレント光通信では、光の強さ（振幅）だけでなく位相や偏光（14項）といった特性も使って情報を伝送します。これは、光の波を細かく操作して、より多くの情報を詰め込むようなイメージです。受信側では、複雑な計算を高速で行うことで、送られてきた信号から正確に情報を取り出します。

要点BOX

- ●光の特性を活かして大容量の光通信が実現されている
- ●波長や経路で情報を分ける

波長分割多重

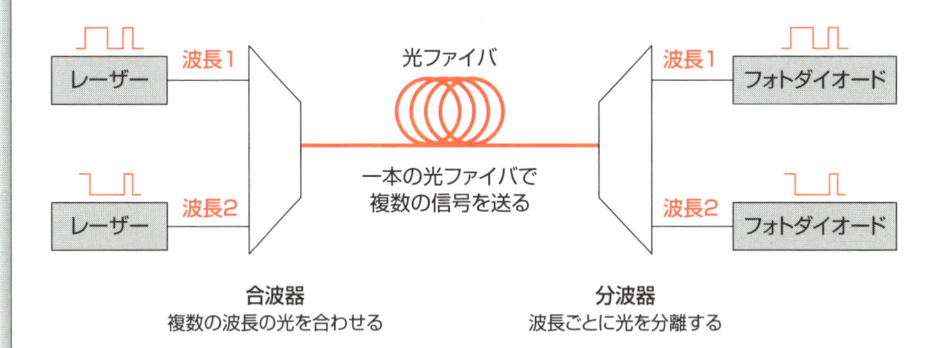

空間分割多重

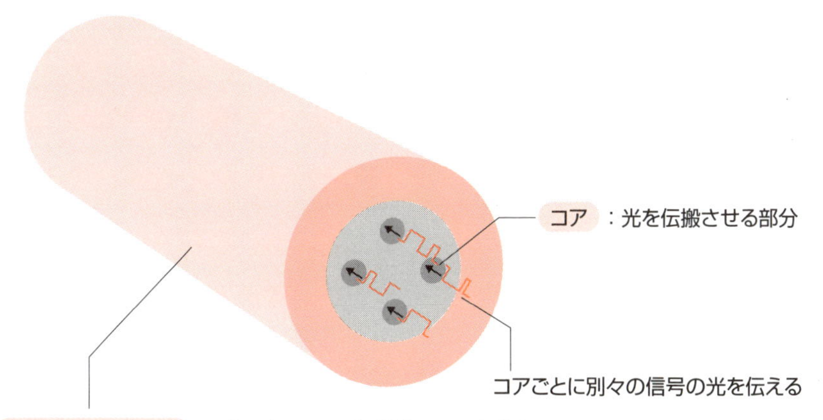

用語解説

波長分割多重（はちょうぶんかつたじゅう）：一本の光ファイバに波長の異なる複数の光信号を同時に流す技術。

空間分割多重（くうかんぶんかつたじゅう）：一本の光ファイバ内に複数の光の経路を作り、それぞれで別々の信号を送る技術。

デジタルコヒーレント光通信（ひかりつうしん）：光の強さだけではなく、光の波としての性質を精密に制御し、大容量の通信を行う光通信技術。

58 フォトリソグラフィ

光で半導体チップを作る技術

私たちが毎日使っているスマートフォンやパソコンの心臓部、それが半導体チップです。この小さな半導体チップには、何十億個もの素子や回路が刻み込まれています。このような微細な回路を作り出すのに使われているのが、フォトリソグラフィという技術です。フォトリソグラフィとは、光を使って半導体チップに素子や回路のパターンを描く技術のことを指します。

フォトリソグラフィの基本的な仕組みは、写真を現像する過程に似ています。まず、回路のパターンが描かれた原版（フォトマスク）を用意します。そして、感光性の物質（フォトレジスト）を塗った半導体の基板（シリコンウェハ）の上に、フォトマスクを通して光を当てます。光が当たった部分だけが化学反応を起こし、その後の処理で素子や回路のパターンが形成されます。

半導体チップの性能向上には、素子や回路をより細かく、より密に作ることが重要です。光には回折限界（32項）があるため、フォトリソグラフィ技術の進歩は、より短い波長の光を使うことに向けられてきました。かつては水銀ランプの紫外線（波長365㎚）が使われていましたが、現在の最先端技術では波長13・5㎚の極端紫外線（EUV）が使われています。

EUVフォトリソグラフィでは、光の波長が非常に短いため、通常のレンズ材料では光を透過させることができません。そのため、特殊なミラーを使った光学系が採用されています。

フォトリソグラフィ技術の進歩は、半導体チップの集積度を高め、私たちが使う電子機器の性能向上に大きく貢献してきました。有名な「ムーアの法則」は、半導体チップの集積度が約18か月で2倍になるという経験則ですが、これもフォトリソグラフィ技術の進歩に支えられてきたと言えます。

要点BOX
- ●光を使って回路を描く
- ●光の波長を短くしてより微細なパターンを描画する

フォトリソグラフィの原理

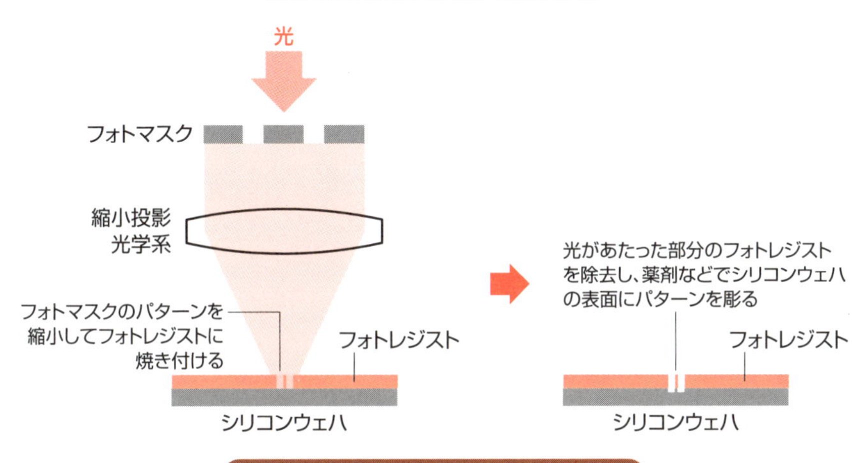

EUVフォトリソグラフィの光学系

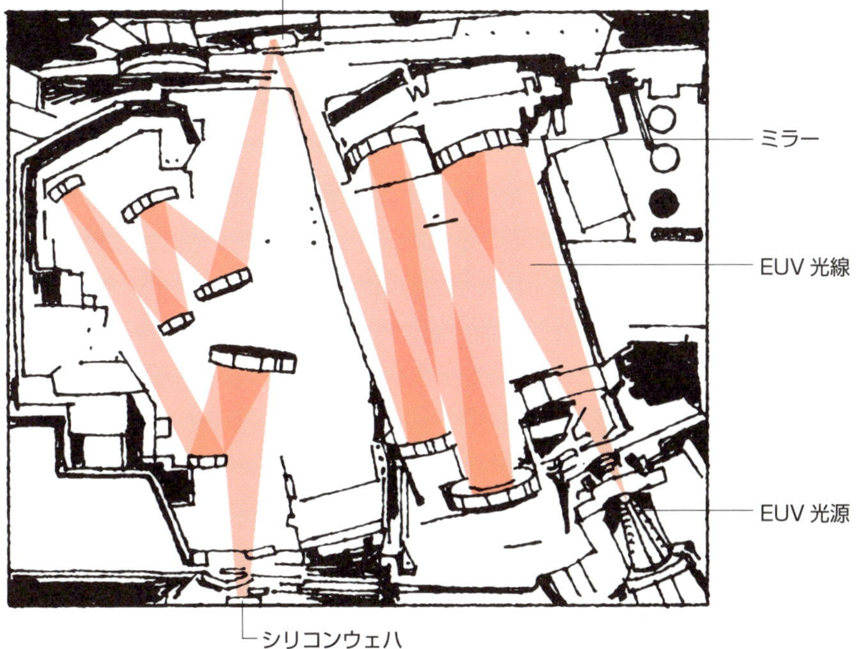

用語解説

フォトマスク：回路のパターンが描かれた原版のこと。
フォトレジスト：光が当たると化学変化を起こす物質。
ＥＵＶ：Extreme Ultra Violetの略。極端紫外線のこと。

59 光ディスク

光で音楽や映像を再生する

私たちの身近にある光ディスクは、記録された音楽や映像、データを再生できる便利なメディアです。CDやDVD、ブルーレイディスクなどがこれに当たります。これらの光ディスクは、光の性質を利用して情報を読み取っています。

光ディスクの反射面には、目に見えない小さな凹凸があり、この凹凸のパターンで、音楽や映像などの情報を格納しています。

情報の読み取りには、レーザー光（47項）が使われます。光ディスクの読み取りでは、レンズを用いてレーザー光を光ディスク上の非常に小さい領域（スポット）に集光することで、光ディスクの微細な凹凸を正確に読み取ることができます。光ディスクからの反射光の強さの変化を検出することで、凹凸のパターン、つまり記録された情報を読み取ります。

光ディスクからの情報の読み取りを行う部分を「光ピックアップ」と呼びます。光ピックアップには、レーザー光を発生させる半導体レーザー（48項）や、光を集める対物レンズ、反射光を検出するフォトダイオード（49項）などが含まれています。光ピックアップは、ディスクの読み取る位置に合わせて、ディスクの半径方向に移動しながら情報を読み取ります。

光ディスクの記録容量を大きくするには、より小さな凹凸で情報を記録する必要があります。光には回折限界（32項）があるため、より短い波長のレーザー光が使われるようになりました。CDでは波長780㎚の赤色に近い赤外光が、DVDでは波長650㎚の赤色光が、そしてブルーレイディスクでは波長405㎚の青紫色光が使われています。波長が短くなるほど、より小さなスポットにレーザー光を絞ることができ、その結果、より高密度な記録が可能になります。また、波長だけではなく、光学系の開口数を大きくすることで、より小さなスポットに集光することができ、記録容量を大きくしてきました。

要点BOX
- ●光で情報を再生
- ●レーザーとレンズで情報を読み取る

光ディスクの再生原理

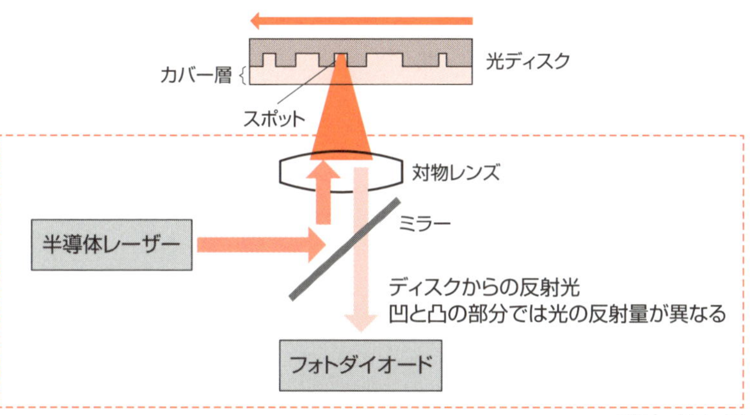

光ディスクの記録容量の進化

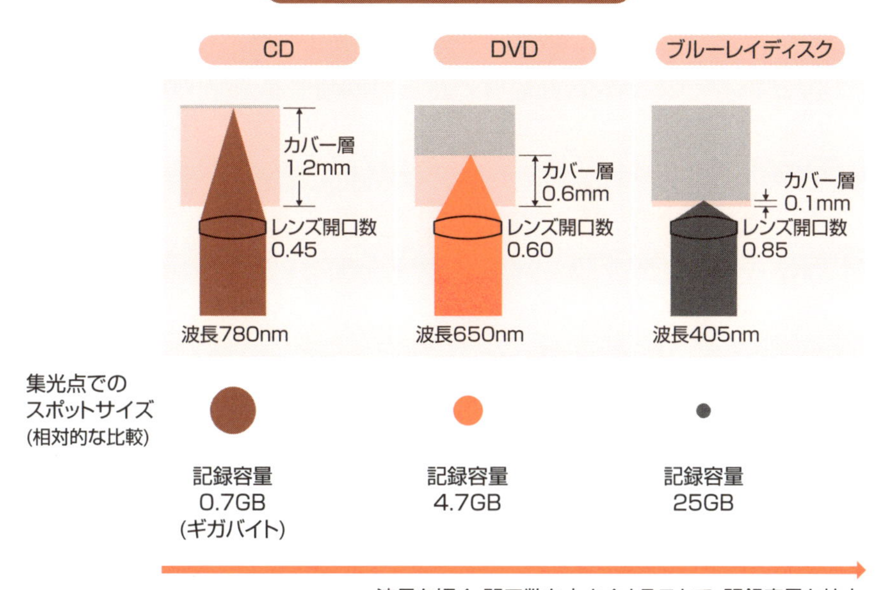

用語解説

半導体(はんどうたい)レーザー：電流を流すと特定の波長の光を放出する半導体素子。
開口数(かいこうすう)：光学系がどれだけ広い角度から光を集められるかを示す。開口数が大きい光学系ほど、理論上の分解能が向上する。

60 レーザープリンタ

光の力で紙に文字や絵を描く

オフィスで広く使われているレーザープリンタは、どのような仕組みで印刷しているのでしょうか？レーザープリンタは、「電子写真」と呼ばれる技術を使って印刷しています。電子写真は、光と静電気の力を利用して、トナーと呼ばれる粉を紙に付着させることで印刷する技術です。レーザープリンタでは、感光ドラムと呼ばれる筒状の部品に、レーザー光を使って画像情報を書き込みます。

上図は、レーザープリンタの原理を示しています。まず、感光体をコーティングした感光ドラムに均一に静電気を帯びさせます。次に、描画したい模様に合わせてレーザー光を感光ドラムに照射します。下図はレーザープリンタの光学系の原理を示しています。レーザー光は、まずは高速で回転するポリゴンミラーに当てられます。ポリゴンミラーは多角形の鏡で、回転することでレーザー光を用紙左右方向に走査します。ポリゴンミラーで反射したレーザー光は感光ドラムに照射されます。

感光体は光があたった部分の電気抵抗が変化する性質があります。そのため、感光ドラム上でレーザー光が当たった部分と当たっていない部分で静電気の量に差ができ、感光ドラム上に静電気の像ができます。この像が、印刷したい文字や画像の情報になります。

次に、静電気を帯びた微細な粉（トナー）を感光ドラムに近づけます。トナーは、静電気の力によって、感光ドラム上の静電気の像に引き寄せられ、付着します。こうして、感光ドラム上にトナーでできた文字や画像が浮かび上がります。

次に、静電気の力を使って感光ドラム上のトナーを紙に写し取ります。こうして、トナーが紙に転写されます。最後に、紙に熱と圧力をかけて、トナーを定着させます。

要点BOX

- ●光と静電気を活用して印刷
- ●レーザー光で感光体に画像情報を書き込む
- ●微細な粉（トナー）を転写して紙に印刷

レーザープリンタの原理

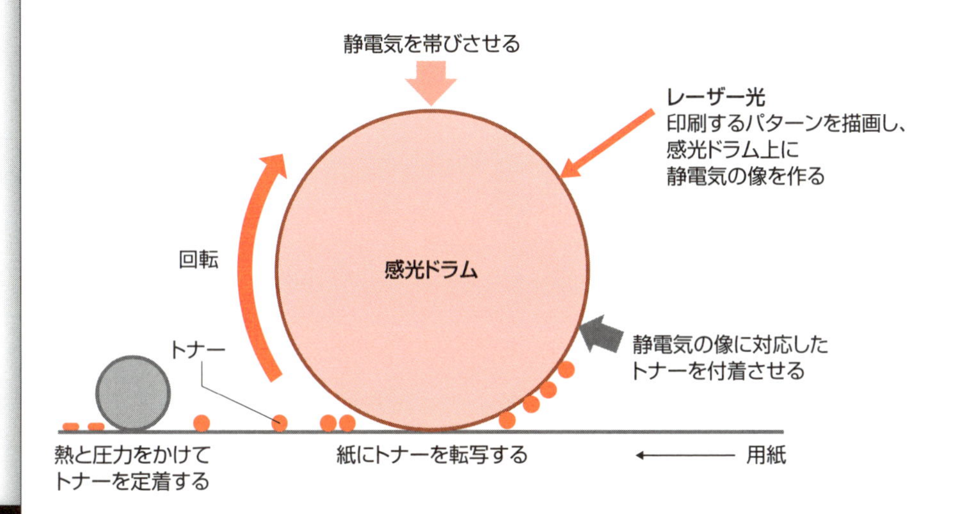

レーザープリンタの光学系の原理

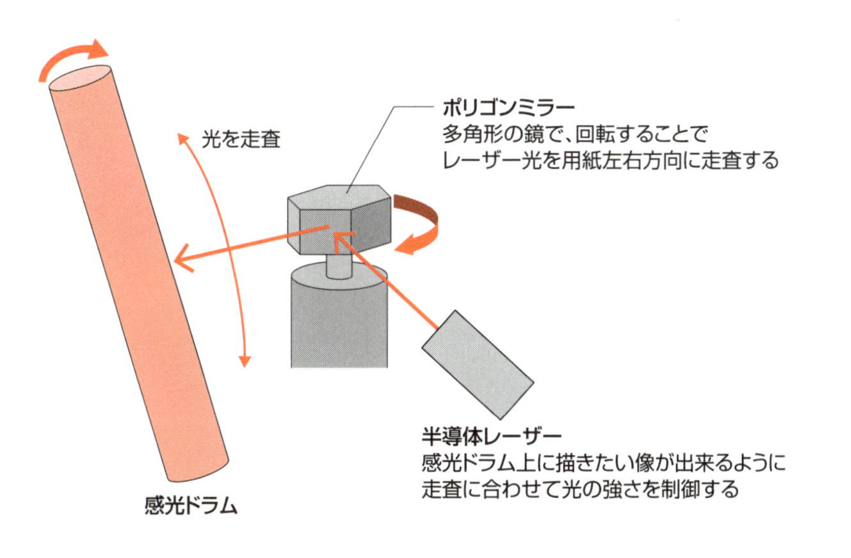

61 光学顕微鏡

眼には見えない小さな世界を見る

光を用いた光学顕微鏡は、私たちの肉眼では見えない小さな世界を見ることができる道具です。

光学顕微鏡の基本的な構造は、対物レンズと接眼レンズという2つのレンズから成り立っています。対物レンズは試料のすぐ近くに配置され、試料の拡大された実像を作ります。接眼レンズはこの実像をさらに拡大して虚像（7項）として眼に届けます。この2つのレンズの倍率を掛け合わせることで、全体の倍率が決まります。例えば、10倍の対物レンズと10倍の接眼レンズを使えば、全体で１００倍の倍率になります。

しかし、いくら倍率を上げても、回折限界（32項）により、ある一定以下の小さなものは見分けられなくなります。そこで、分解能を上げるためさまざまな工夫が施されてきました。例えば、「紫外線顕微鏡」は可視光よりも波長の短い紫外線を用いることで、高い分解能を持ちます。また、試料と対物レンズの間に液体を入れる「液浸レンズ」を用いると、液体は空気よりも屈折率が高いため、試料から多くの光が取り込めるようになります。結果、実効的に対物レンズの開口数が大きくなり、分解能が向上します。

光学顕微鏡は単に細かいものが見えるだけではありません。光の性質を活用したさまざまな光学顕微鏡が開発されています。

「位相差顕微鏡」は、試料を通過した光の位相（8項）の差を利用し、通常の光学顕微鏡では見えにくい無色透明な対象を高コントラストで観察することが可能です。そのため、染色せずに透明な細胞を観察することができます。

「蛍光顕微鏡」は、蛍光（19項）を利用して特定の物質を選択的に観察できます。例えば、がん細胞の特定部位に特異的に結合する蛍光物質を使えば、正常な細胞の中にあるがん細胞だけを光らせて見つけ出すことができます。

要点BOX

- 光学顕微鏡は光を用いて小さなものを観察
- 分解能を上げる工夫で性能向上
- 光の性質を活用したさまざまな顕微鏡がある

顕微鏡の原理

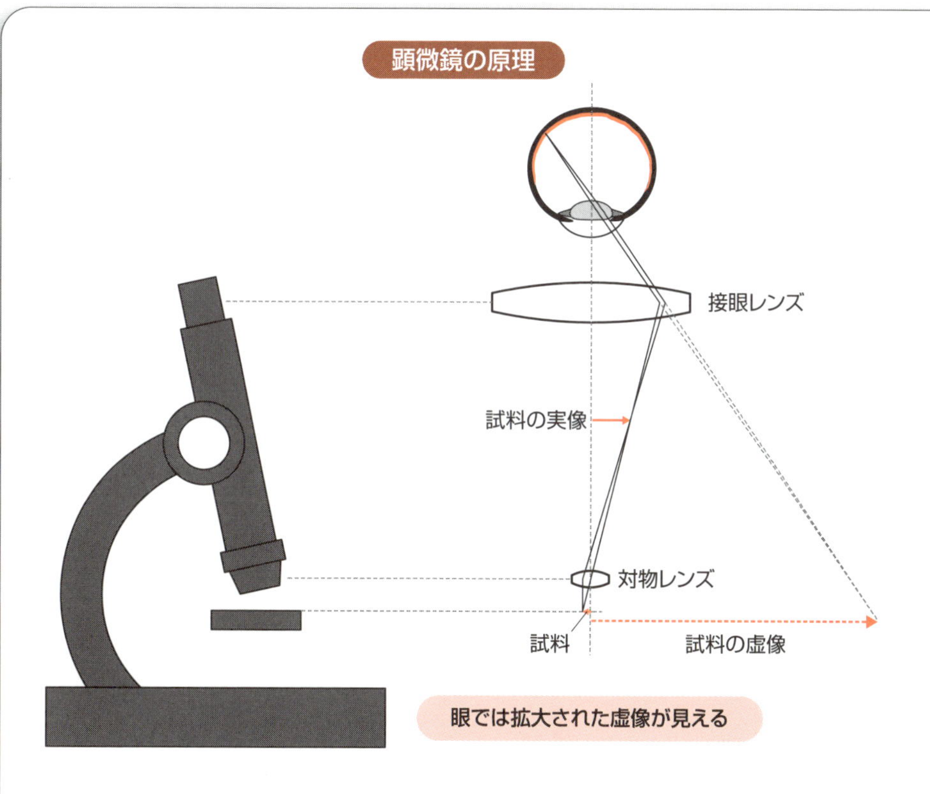

光の性質を用いた顕微鏡

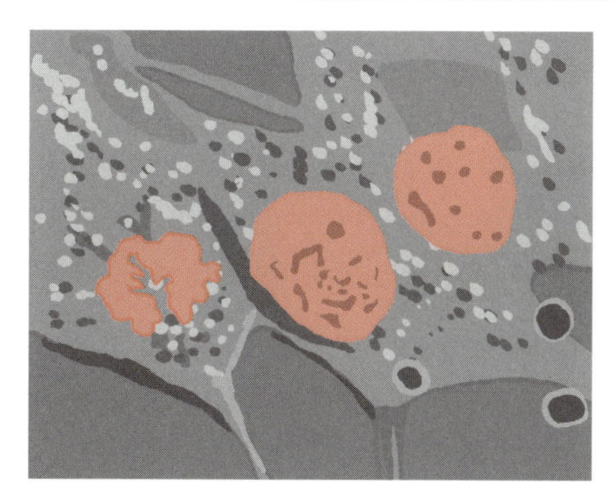

蛍光顕微鏡
細胞内の特定の部位を抽出

用語解説

開口数(かいこうすう)：光学系がどれだけ広い角度から光を集められるかを示す。開口数が大きい光学系ほど、理論上の回折限界分解能が向上する。

62 望遠鏡

遠くを近くに見る光学機器

望遠鏡は、遠くにある物体を拡大して見ることができる光学機器で、天体観測や船舶の監視など、さまざまな場面で活躍しています。

望遠鏡には大きく分けて2つのタイプがあります。一つは「屈折式望遠鏡」、もう一つは「反射式望遠鏡」です。屈折式望遠鏡は、レンズを使って光を集める方式で、反射式望遠鏡は、凹面鏡（6項）を使って光を集める方式です。

屈折式望遠鏡では、筒の先端に取り付けられた対物レンズが光を集めて像を作り、接眼レンズでその像を拡大して観察します。一方、反射式望遠鏡では、筒の奥に置かれた凹面鏡（主鏡）が光を集め、その光を別の小さな鏡（副鏡）で反射させて接眼レンズに導きます。

望遠鏡の性能を決める重要な要素の一つが「口径」です。口径とは、望遠鏡が光を集める部分（レンズや鏡）の直径のことです。口径が大きいほど、より多くの光を集められるため、暗い天体でも見やすくなります。また、口径が大きいほど回折限界（32項）の影響が減り、分解能が向上し、より細かい部分まで観察できるようになります。

屈折式望遠鏡と反射式望遠鏡にはそれぞれ特徴があります。屈折式望遠鏡はコントラストの高い像が見え、メンテナンスが楽で像が安定しているという利点があります。しかし、レンズを使う特性上、色収差（31項）が生じやすく像に色のにじみが発生しやすいほか、大きな口径の望遠鏡を作るのは困難という課題もあります。

一方、反射式望遠鏡は鏡を使うため色収差がなく、鏡はレンズよりも大型化しやすいので、大きな口径の望遠鏡を作ることができます。そのため、天文台などで使われる大型望遠鏡の多くは反射式です。ただし、副鏡の影響で像のコントラストが低下するといった課題もあります。

要点BOX

- ●屈折式と反射式の2種類がある
- ●口径が大きいほど明るく、分解能が高い

屈折式望遠鏡

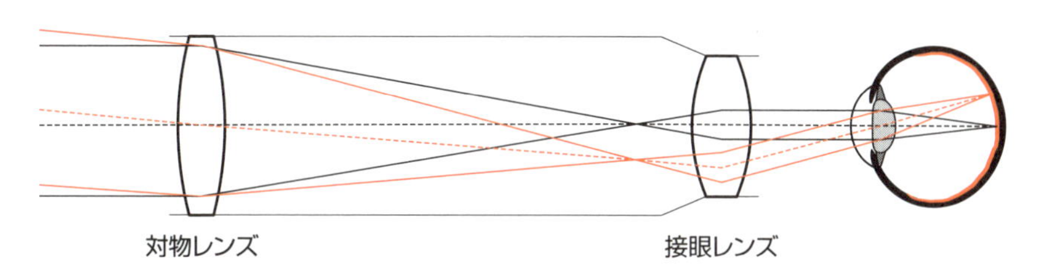

ケプラー式望遠鏡

反射式望遠鏡

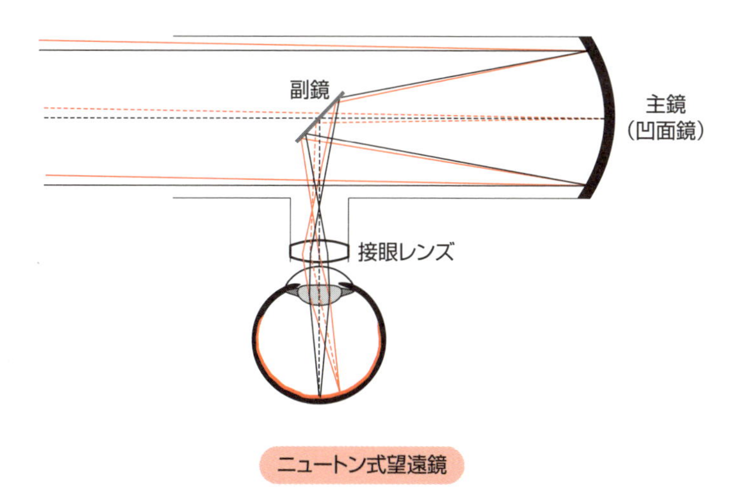

ニュートン式望遠鏡

用語解説

色収差（いろしゅうさ）：レンズを通過する光の波長（色）によって屈折率が異なるため、焦点位置などがずれる現象。

63 光を活用した医療機器

患者の負担を減らす光の技術

医療の分野でも光が大きな役割を果たしています。光を使った医療機器は、体を傷つけずに診察を行うことや、選択的に患部のみに作用することで、患者の負担を減らし、安全な医療を実現しています。

体の中を見る医療機器として、内視鏡があります。内視鏡は、細い管の先端に小さなカメラ（レンズと撮像素子、50項）や光源がついた医療機器です。この細い管を口や鼻から入れることで、おなかの中や気管などの様子を観察することができます。カメラではなく、束ねた光ファイバ（52項）を用いて先端から画像を伝送する内視鏡もあります。内視鏡により、体を切り開かずに中の様子を詳しく調べられるようになりました。

また、眼の奥にある網膜の様子を観察する眼底カメラも、光を活用した医療機器の一つです。眼底カメラは、眼の中に光を当てて、その反射光を捉えることで網膜の様子を撮影します。これにより、眼の病気だけでなく、糖尿病や高血圧などの全身の病気の兆候を発見することもできます。

また、レーザー（47項）を使った治療機器もあります。眼科では近視や乱視を矯正するレーシック手術に、皮膚科ではシミやあざ、不要な毛髪の除去に使用されます。歯科でも虫歯治療や歯茎の処置に利用され、痛みや出血が少ないのが特徴です。レーザーの種類や強さを精密に調整することで、周囲の健康な組織に影響を与えずに治療できます。

光を使って体の状態を測る機器もあります。パルスオキシメーターは、指先に赤色光と赤外光を当て、その透過光の強さから血液中の酸素濃度を測定します。血液中のヘモグロビンは、酸素と結合しているかどうかで、この2波長の光の吸収する量が異なるという性質を利用しています。この装置は、手術中の患者の状態監視や、新型コロナウイルス感染症の患者の容体管理にも使われています。

要点BOX
- ●光を活用したさまざまな医療機器が存在する
- ●光の性質を活かしてなるべく体を傷つけずに診察や治療を行う

光を活用した医療機器

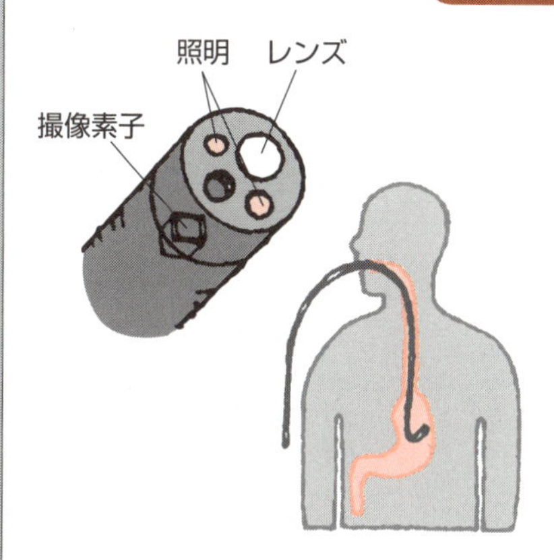

内視鏡

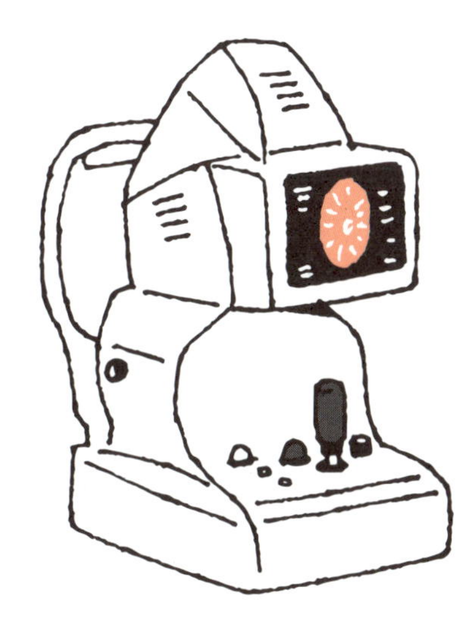

眼底カメラ

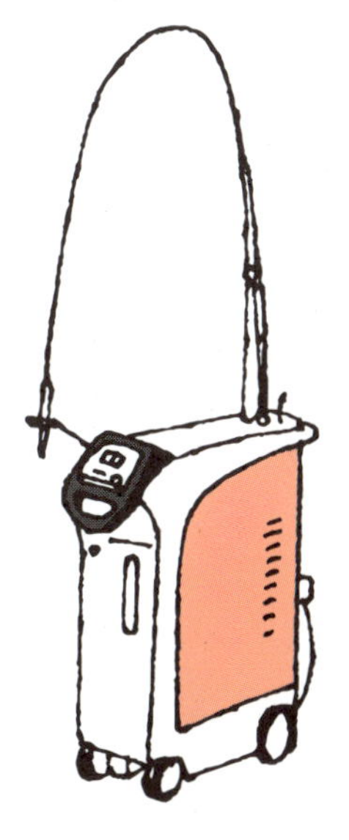

レーザー治療機器

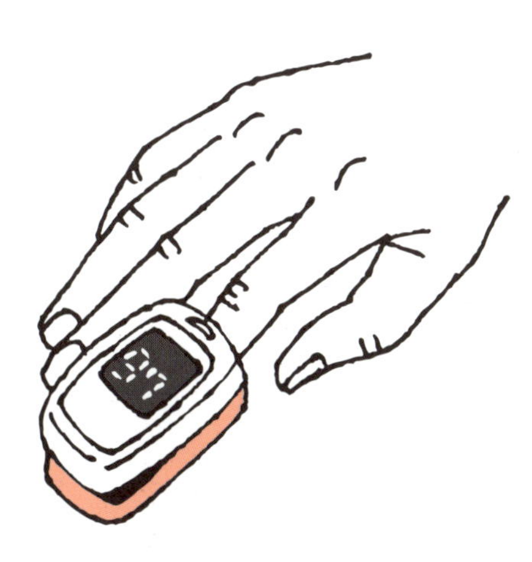

パルスオキシメーター

用語解説

ヘモグロビン：赤血球に含まれる赤い色素タンパク質で、酸素を運ぶ役割を持つ。体中の細胞に酸素を届ける重要な働きをしている。

Column

宇宙からの光

私たちが宇宙について知っていることの多くは、宇宙からやってくる光を観測することで得られています。宇宙からの光は、遥か彼方の天体や宇宙誕生の痕跡についての情報を運んでくれます。

遠い宇宙の光を観測するためには、高性能な望遠鏡（62項）が必要です。地上の望遠鏡は大気の影響を受けるため、宇宙空間に望遠鏡を打ち上げることもあります。有名な宇宙望遠鏡の一つがハッブル宇宙望遠鏡です。地球の大気の影響を受けないため、非常にクリアな宇宙の画像を撮影することができます。

一方、地上の大型望遠鏡も進化を続けています。例えば、日本のすばる望遠鏡は、有効直径8・2メートルの主鏡を持つ大型望遠鏡です。このような大型の望遠鏡では、鏡自体の重さで歪みが生じることにより収差（29項）が発生してしまいます。そこで、鏡の裏側に多数の調整用の可動装置を取り付け、鏡の形を常に最適に保つ技術が使われています。

望遠鏡は天体の光を捉えることにより、天体の存在を知るだけではなく、その光を分光分析（11項）することでさまざまなことが明らかになります。

天体の光の吸収スペクトルや発光スペクトルを分析することにより、その星に含まれる光の放射や吸収に影響を及ぼしている物質を特定できます。例えば、太陽の光を分光分析すると、スペクトルに暗い吸収線が多数見られます。これはフラウンホーファー線と呼ばれ、太陽の大気中の元素が特定の波長の光を吸収することで生じます。この吸収線を調べることで、太陽の大気にどのような物質が含まれているかを知ることができます。

また、天体の光の特定の吸収線や輝線の波長のズレを分析すると、天体がどのくらいの速度で、近づいているかあるいは遠ざかっているかもわかります。救急車のサイレンが近づくときは音が高く聞こえ、遠ざかるときは低く聞こえるドップラー効果と同じ原理で、近づく天体は波長が短い光となり、遠ざかる天体は波長が長い光になります。遠方の銀河の波長のズレを観測することで宇宙の膨張速度を推定することも可能です。

今後も光の観測技術の進歩により、さらに多くの宇宙の謎が解き明かされていくことが期待されています。

第5章

新しい光学技術

64 さまざまな新しい光学技術

光の可能性を広げる新技術

光学はこれまでさまざまな場面で私たちの生活を豊かにしてきました。しかし、光の可能性はまだまだ尽きません。今も新しい光の使い方や、光を制御する技術が開発されています。この章ではそのうちいくつかを紹介していきます。

まず、「ナノフォトニクス（65項）」と呼ばれる分野です。これは、光の波長よりも小さな、ナノメートル（10億分の1メートル）のスケールで光を操る技術です。

ナノフォトニクスの世界では、「フォトニック結晶（66項）」という構造も注目されています。フォトニック結晶は、光の波長程度の周期で屈折率が変化する人工的な構造です。これを利用すると、特定の色の光を閉じ込めたり、反射したりすることができるようになります。

また、「超短パルスレーザー（67項）」という技術も、新しい可能性を開いています。これは、とても短い時間だけ光る特殊なレーザーです。その発光時間は、フェムト秒（1000兆分の1秒）という、想像もつかないほど短い時間です。

さらに、「テラヘルツ波（68項）」という、これまであまり使われてこなかった電磁波も注目を集めています。テラヘルツ波は、電波と光の中間の波長を持つ電磁波で、紙やプラスチックなどを簡単に通り抜けることができます。

光の性質は通信の世界にも新しい可能性を開いています。その一つが「量子暗号通信（69項）」です。これは、光子（18項）一つ一つの状態を使って情報をやり取りする技術で、解読が極めて困難な暗号通信が可能になります。

これらの技術の実用化が進むことで、私たちの生活はより便利で、安全で、そして豊かなものになっていくことが期待されています。

要点BOX
- ●光の可能性は尽きない
- ●さまざまな新しい光の使い方や、光を制御する技術が開発されている

新しい光学技術

光を制御する
非常に小さい構造

ごく短い時間だけ
光るレーザー

安全に透ける
電磁波

解読されない
暗号通信

65 ナノフォトニクス

ナノスケールの光学

光は、直進（2項）、反射（3項）、屈折（4項）したり、回折（13項）したりしながら進んでいきます。しかし、光の波長と同じくらい、あるいはそれよりも小さなナノメートル（10億分の1メートル）のスケールでは、光の振る舞いが大きく変わります。この、ナノメートルスケールでの光の振る舞いを研究し、応用する分野を「ナノフォトニクス」と呼びます。

ナノフォトニクスの世界では、普段目にする光とは異なる現象が起こります。その一つが「近接場光」です。近接場光は、物体の表面のごく近くにだけ存在する光で、通常の光とは異なり、波長よりも小さな領域に存在します。例えば、光を全反射（5項）させたときに、反射面のすぐ近くにだけ染み出すように存在する光（エバネッセント波）も近接場光の一種です。上図は、全反射時に発生するエバネッセント波を示しています。

近接場光を応用した顕微鏡が「走査型近接場光学顕微鏡」です。通常の光学顕微鏡（61項）では、回折限界（32項）により光の波長よりも小さなものを観察することは困難です。しかし、近接場光学顕微鏡では、先端を非常に細く尖らせた探針を試料の極近傍に近づけ、そこで発生する近接場光を利用することで、回折限界を超えた高い分解能で観察することができます。

また、「量子ドット」と呼ばれるナノメートルサイズの微小な半導体微粒子も注目されています。量子ドットは、粒子のサイズがナノレベルで小さいため、電子の動きが制限され、同じ半導体でも粒子のサイズによってエネルギーが変化します。そのため、サイズを変えることで、蛍光（19項）の発光色を制御でき、鮮やかな色を表現する液晶ディスプレイの光源に応用されています。

要点BOX
●光の振る舞いがナノスケールで変化
●ナノレベルの構造で光を制御

エバネッセント波

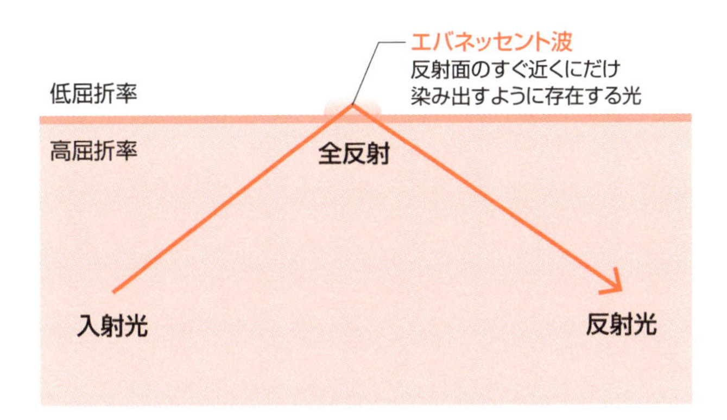

走査型近接場光学顕微鏡の原理

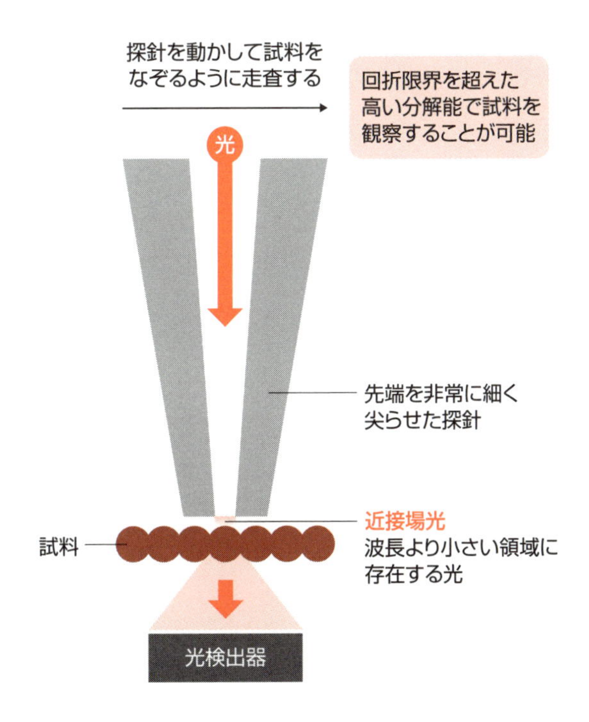

用語解説

近接場光（きんせつばこう）：物体の表面のごく近くにだけ存在する光で、波長よりも小さな領域に存在している。
光検出器（ひかりけんしゅつき）：光を電気信号に変換するデバイス。

66 フォトニック結晶

光をコントロールする人工結晶構造

フォトニック結晶は、光をコントロールすることができる人工的な構造です。この構造は、光の波長程度の周期で屈折率が異なる物質を規則正しく並べたものです。このような構造を作ることで、光を通さない「フォトニックバンドギャップ」と呼ばれる特定の波長領域を作り出すことができます。

フォトニック結晶の最も重要な特徴は、光を閉じ込める能力です。フォトニック結晶の中では、特定の波長の光が進めなくなります。上図は、異なる屈折率を持つ物質が周期的に並んでいるフォトニック結晶の基本的な構造の例を示しています。この構造によってフォトニックバンドギャップが形成され、特定の波長の光が通過できなくなります。

フォトニック結晶の応用例として、中空フォトニック結晶ファイバがあります。これは、通常の光ファイバ(52項)とは異なり、中心部分を空洞にし、その周りを特殊な構造で囲んだ光ファイバです。全反射(5項)を使う通常の光ファイバでは、コア部分よりもクラッド部分の屈折率が低い必要がありますが、中空フォトニック結晶ファイバでは、コア部分が空気(屈折率が低い)であっても、全反射を使わず光を効率よく閉じ込めて伝送することができます。

中空フォトニック結晶ファイバではコア部分が空気であるため、通常のガラスをコアとした光ファイバではガラスの吸収などにより伝送できない波長の光も伝送できます。また、ガラスの光ファイバと比べて、コアの屈折率が低く、光の速度が速くなるため、情報をより遅延なく伝送することができます。

おもしろいことに、自然界にもフォトニック結晶に類する構造を持つ生物がいます。例えば、モルフォ蝶の羽の美しい青色は、羽に存在する規則正しく並んだ構造に起因するものです。その構造がフォトニック結晶のように振る舞い特定の色を反射することで、美しい色を作り出しています。

要点BOX

- 光を閉じ込める特殊な構造
- 特定の波長の光を通さないフォトニックバンドギャップを持つ

フォトニック結晶の構造例

1次元型

2次元型

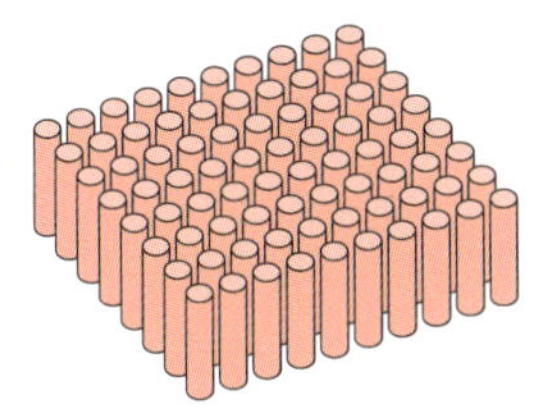

3次元型

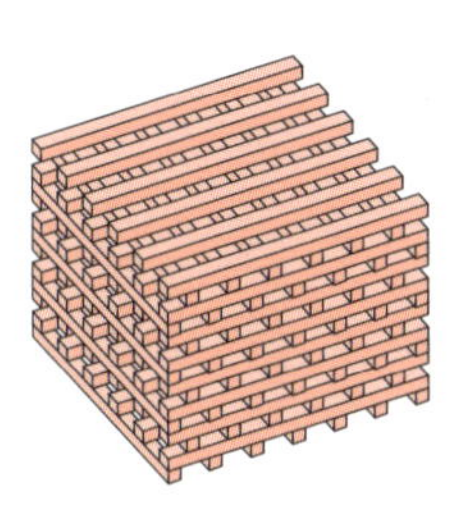

中空フォトニック結晶ファイバ

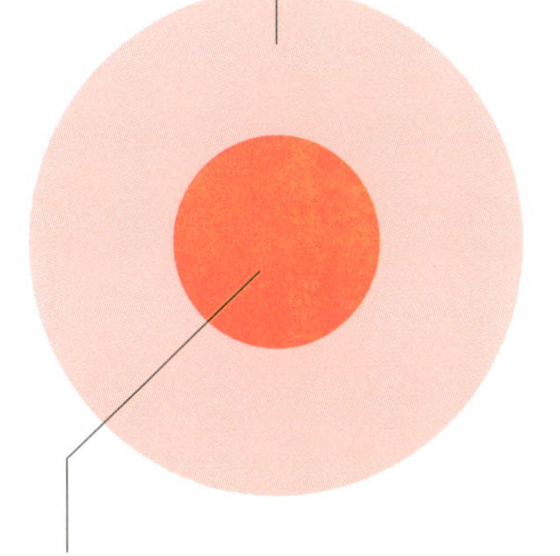

通常の光ファイバの断面図

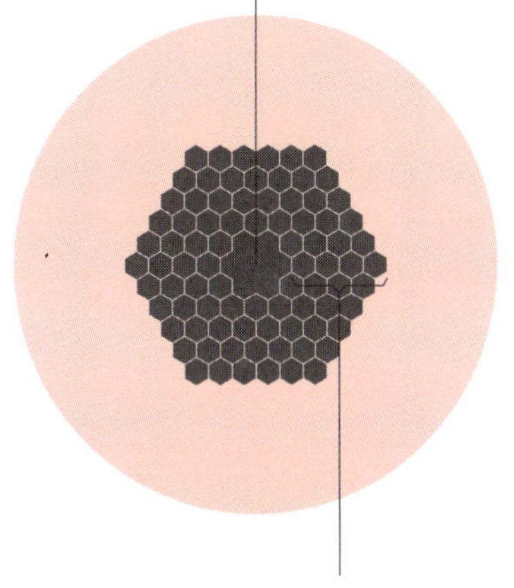

中空フォトニック結晶ファイバの断面図

用語解説

フォトニック結晶（けっしょう）：光の波長程度の周期で屈折率が異なる物質を規則正しく並べた人工的な構造。特定の波長の光を制御できる。

フォトニックバンドギャップ：フォトニック結晶内で光を通さない波長の範囲。

67 超短パルスレーザー

一瞬の光で新しい世界を切り開く

私たちが日常生活で目にするレーザー（47項）は、連続的に光を出し続けるものがほとんどです。しかし、とても短い時間だけ光る「超短パルスレーザー」という特殊なレーザーがあります。この超短パルスレーザーは、一瞬だけ強い光を放つことができ、科学や産業の世界で活躍しています。

超短パルスレーザーの中でも特に短いパルスを出せるのが「フェムト秒レーザー」です。フェムト秒とは、1秒の1000兆分の1という、想像もつかないほど短い時間のことです。例えば、この世の中で最も早い速度を持つ存在である光が、1フェムト秒の間に真空中を進む距離は約0・3μm（マイクロメートル）のみです。

フェムト秒レーザーの応用において重要な点は、短時間に大きなエネルギーを集中できることです。これを利用して、素材の精密な加工を行うことができます。通常のレーザー加工では、レーザー光のエネルギーが熱に変わり、加工部分の周囲まで熱が広がってしまいます。これにより、加工精度が落ちたり、素材の性質が変わったりする問題がありました。しかし、フェムト秒レーザーは非常に短い時間だけ光るため、熱が周囲に広がる前に加工が終わります。

近視や乱視を矯正するレーシック手術でもフェムト秒レーザーが使用されています。レーシック手術では、フェムト秒レーザー光を用いて角膜の表面を精密に切開しますが、その極めて短い発光時間により、周囲の組織へのダメージを最小限に抑えることができます。

さらに短いパルスを出せる「アト秒レーザー」の開発も進んでいます。アト秒は、フェムト秒のさらに1000分の1という超短時間です。例えば、アト秒レーザーを使えば、物質中の電子の動きまで観察できるようになると期待されています。

要点BOX

- 超短パルスレーザーはとても短い時間だけ光る
- 精密加工や超高速現象の観測などに活用

連続発振のレーザーと超短パルスレーザーの比較イメージ

連続発振レーザー

ずっと光り続ける

（レーザーポインタなどに
用いられる通常のレーザー光）

超短パルスレーザー

一瞬だけ光る

フェムト秒レーザーでは
マイクロメートル単位の長さ

（精密加工や超高速現象の
観測などに活用）

超短パルスレーザーの応用

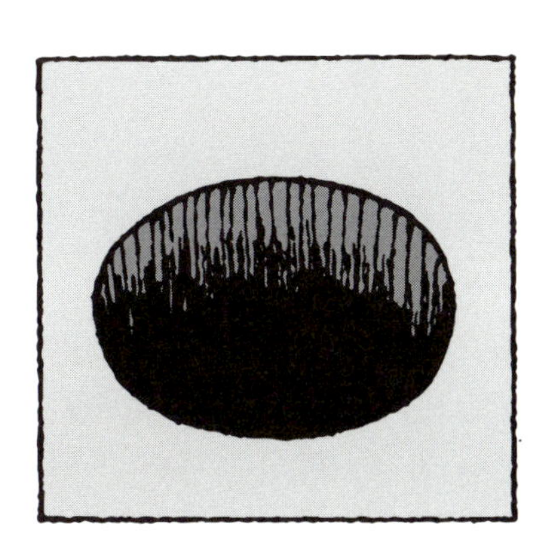

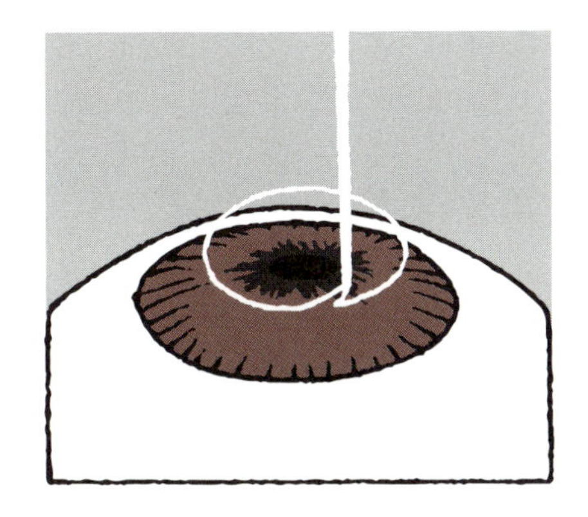

素材の精密加工

レーシック手術における切開

用語解説

フェムト秒(びょう)：1秒の1000兆分の1の時間。
マイクロメートル(μm)：1mmの1000分の1の長さで、1μmは人間の髪の毛の太さの約100分の1程度。
アト秒(びょう)：1秒の1000兆分の1のさらに1000分の1という極めて短い時間。

68 テラヘルツ波

電波と光の間の電磁波

携帯電話では電波が使われ、リモコンでは赤外線が使われています（9項）。実は、この電波と赤外線の間に「テラヘルツ波」と呼ばれる電磁波があります。

テラヘルツ波は、電波よりも周波数が高く、赤外線よりも周波数が低い領域にあります。この位置づけから、テラヘルツ波は「電波と光の中間の波」とも呼ばれています。テラヘルツ波の波長は、およそ0・03㎜から3㎜の範囲にあります。

テラヘルツ波には、他の電磁波にはない独特な性質があります。その一つが、一部の物質を透過する能力です。例えば、紙や布、プラスチックなどを通り抜けることができます。これは、X線のような高エネルギーの電磁波と似ていますが、テラヘルツ波はX線と比べてエネルギーが低いため、人体への影響は少ないと考えられています。

テラヘルツ波を発生させたり、検出したりすることは簡単ではありません。これは、テラヘルツ波の周波数が高すぎて通常の電子回路では扱えず、かつ低すぎて通常の光学部品では扱えないためです。そのため、テラヘルツ波の研究は長い間あまり進んでおらず、この周波数帯は「テラヘルツギャップ」と呼ばれ、長らく未開拓の領域でした。

しかし、最近になってテラヘルツ波の光源や、受光素子などテラヘルツ波を扱う技術が発達してきました。そのためテラヘルツ波の独特な性質を利用した応用が研究されています。例えば、空港のセキュリティチェックでの活用が期待されています。テラヘルツ波は衣類を透過しますが、金属や水分には吸収されるため、服の下に隠された危険物を検出できる可能性があります。

医療分野での応用も考えられています。テラヘルツ波は水で吸収されるほか、さまざまな物質で特有の吸収スペクトルを持つため、例えばがんの早期発見などに使うことができる可能性があります。

要点BOX
●テラヘルツ波は電波と赤外線の間の電磁波
●物質を透過するなど独特な性質を持つ

テラヘルツ波の波長帯

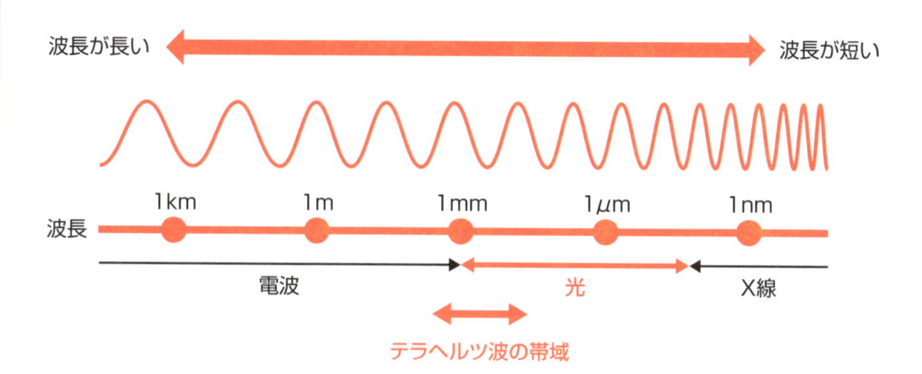

テラヘルツ波の応用

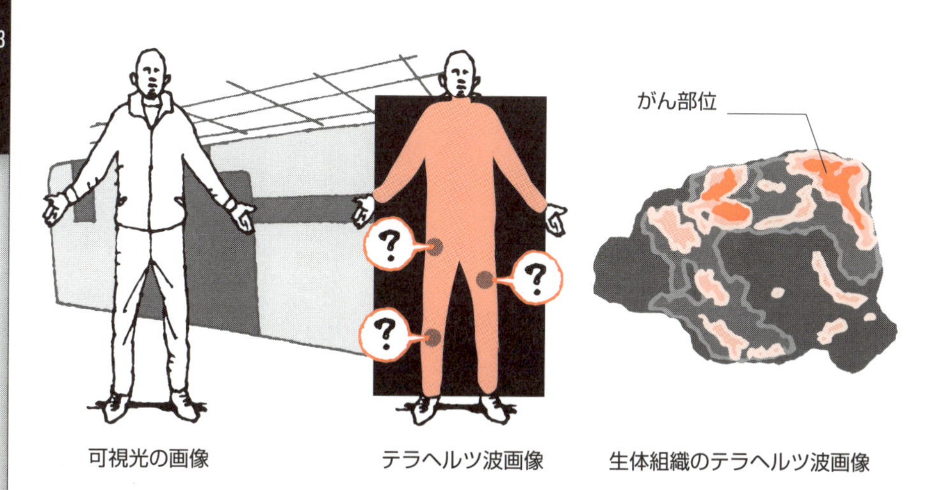

可視光の画像　テラヘルツ波画像　生体組織のテラヘルツ波画像

透過性を活かした空港でのセキュリティチェック　がん部位の検出

用語解説

電磁波(でんじは)：電界と磁界が振動しながら空間を伝わる波。光や電波など。
周波数(しゅうはすう)：1秒間に振動する回数。

69 量子暗号通信

光の量子性を利用した暗号技術

私たちは日々、ネットを通じてさまざまな情報をやり取りしています。その中には、重要な個人情報や機密情報も含まれているため、情報を守るための暗号技術が欠かせません。しかし、現在使われている暗号技術は、将来的にコンピュータの処理能力が上がると解読されてしまう可能性があります。そこで注目されているのが、光の量子的な性質を利用した「量子暗号通信」です。

量子暗号通信の中でよく使われる方式は「量子鍵配送」と呼ばれるもので、光の最小単位である光子（18項）を使って暗号の鍵情報を伝える技術です。送りたい情報はこの鍵情報を元にして、暗号化して受信者に送ります。

量子鍵配送で重要な役割を果たすのが、光子の「量子状態」です。例えば、光子の偏光（14項）の方向を使って情報を表現することができます。送信者は共有したい鍵情報に基づいて光子の偏光を調整して受信者に送り、受信者はその偏光状態を測定して鍵情報を受け取ります。

上図は、量子鍵配送の基本的な仕組みを示しています。送信者は光子を一つずつ送り、受信者はそれを測定します。量子暗号通信の重要な特徴は、盗聴を確実に検知できることです。量子力学の原理により、光子の状態を測定すると、必ずその状態が変化してしまいます。この性質を利用すると、誰かが通信を盗聴しようとした場合、必ず痕跡が残るため、盗聴を確実に検知することができます。もし盗聴が観測されれば、暗号の鍵情報を変更することで、送信するデータが他者に漏洩することがなくなります。

量子暗号通信には、現状長距離伝達が難しかったり、通信速度が遅かったりする課題がありますが、これらの問題を解決するための研究が進められており、将来的には、より安全な通信システムの実現が期待されています。

要点BOX

- ●光子の性質を利用した暗号通信
- ●盗聴を確実に検知可能
- ●解読が極めて困難な暗号通信が可能

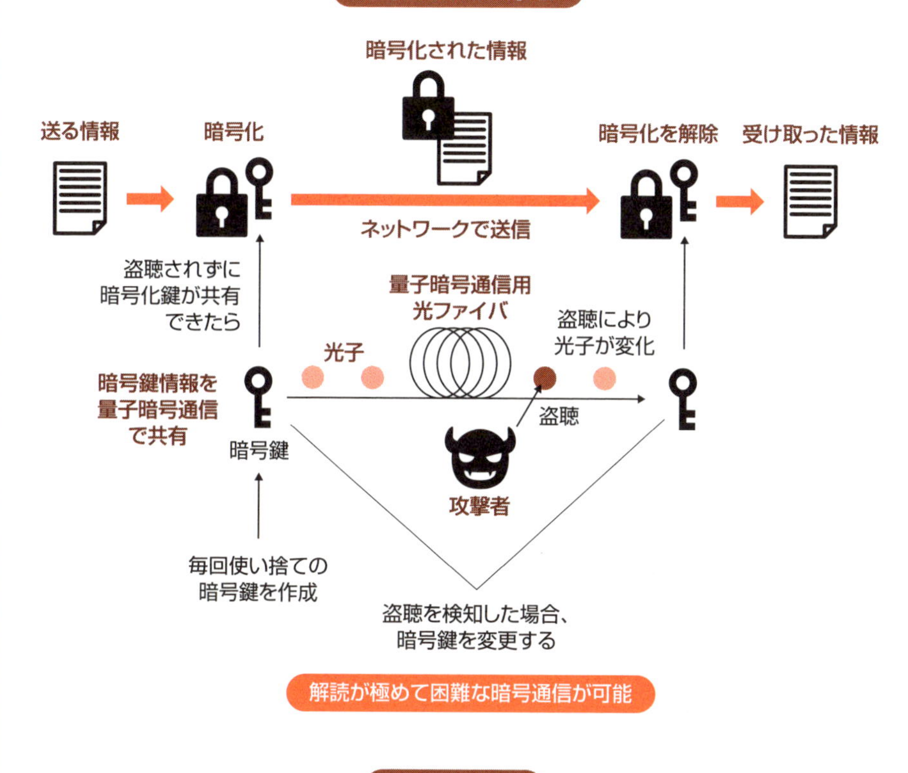

現状の課題

光子の量子状態を
長距離にわたって
維持することが難しい

現在の通信システム
と比べると、
通信速度が遅い

用語解説

量子(りょうし)：物理学において、これ以上分割できない最小のエネルギーの単位や粒子のこと。光の量子は光子と呼ばれる。
量子状態(りょうしじょうたい)：量子力学における粒子の状態。光子の場合、偏光などがこれにあたる。
量子力学(りょうしりきがく)：非常に小さな世界の物質やエネルギーの振る舞いを説明する物理学。

Column

光がもたらす生命活動への影響

光は、私たちの生活に欠かせない存在です。しかし、その影響は単に明るさを与えるだけではありません。生命活動において、光は重要な役割を果たしています。

植物は、光合成と呼ばれるプロセスにより太陽の光を使って二酸化炭素と水から栄養分を作り出します。この過程で、私たちが呼吸に必要な酸素も生み出されます。つまり、光合成は地球上のほとんどの生命を支える基盤となっています。秋に見られる紅葉も、実は光と深い関係があります。日照時間が短くなると、光合成に使われる緑色の葉緑素の生成が減少する一方、赤色の色素が合成されたり、普段は隠れていた黄色の色素が目立ったりするようになります。これが紅葉の美しい色彩の正体です。

人間を含む多くの生物には、体内時計があります。これはサーカディアンリズムと呼ばれ、約24時間周期で変動する生理機能のことです。このリズムを調整する重要な要素が光です。朝の光を浴びることで、私たちの体は「昼」のモードに切り替わります。逆に、夜になって暗くなると「夜」のモードに入ります。これにより、睡眠や体温、ホルモン分泌などが調整されます。

光は、ビタミンDの合成にも重要な役割を果たしています。私たちの肌には、紫外線を浴びるとビタミンDが生成される仕組みがあります。ビタミンDは、カルシウムの吸収を助け、骨を丈夫にする働きがあります。

一方で、光には悪影響もあります。特に紫外線には注意が必要です。紫外線は波長によってUVAとUVBに分類されます。波長の短いUVBは皮膚の表面で吸収され、日焼けの原因となります。波長の長いUVAはより深くまで到達し、シワやたるみの原因となります。また、強い紫外線は目にも悪影響を与え、白内障などの原因にもなります。

最近では、ブルーライトの影響も注目されています。ブルーライトは、主にスマートフォンやパソコンの画面から発せられる青い光のことです。夜遅くまでこれらの機器を使用すると、体内時計が乱れ、睡眠障害の原因となる可能性があります。

このように、光は私たちの体とも密接に関わっています。日々の生活の中で、光との付き合い方を意識してみるのも良いかもしれません。

索引

英数

ア

カ

サ

今日からモノ知りシリーズ
トコトンやさしい
光学の本

NDC 425

2025年3月27日　初版1刷発行

©著者　笠原 亮介
発行者　井水 治博
発行所　日刊工業新聞社
東京都中央区日本橋小網町14-1
(郵便番号103-8548)
電話　編集部　03(5644)7490
　　　販売部　03(5644)7403
FAX　03(5644)7400
振替口座　00190-2-186076
URL　https://pub.nikkan.co.jp
e-mail　info_shuppan@nikkan.tech
印刷・製本　新日本印刷(株)

●DESIGN STAFF
AD―――――――志岐滋行
表紙イラスト―――黒崎　玄
本文イラスト―――小島サエキチ
ブック・デザイン――黒田陽子
(志岐デザイン事務所)

●
落丁・乱丁本はお取り替えいたします。
2025 Printed in Japan
ISBN　978-4-526-08387-7　C3034

●著者略歴
笠原 亮介(かさはら りょうすけ)

1980年生まれ。2004年 東北大学大学院工学研究科電気・通信工学専攻修士課程修了。2019年 東北大学大学院工学研究科通信工学専攻博士課程修了・博士(工学)。2004年 株式会社リコー入社、光学系を用いた各種センシングシステムや画像処理、機械学習、画像認識等の研究開発に従事、主席研究員などを務め、2022年より株式会社ブライトヴォックス取締役CTO。
2014年 精密工学会主催 外観検査アルゴリズムコンテスト2014 優秀賞、2015年 外観検査アルゴリズムコンテスト2015 優秀賞、2021年 IPSJ Transactions on System LSI Design Methodology Best Paper Awardを受賞。
著書に「トコトンやさしい画像認識の本」(単著、2023年、日刊工業新聞社)、「少ないデータによるAI・機械学習の進め方と精度向上、説明可能なAIの開発」(共著、2024年、株式会社技術情報協会)、「機械学習・ディープラーニングによる"異常検知"技術と活用事例集」(共著、2022年、株式会社技術情報協会)、「センサフュージョン技術の開発と応用事例」(共著、2019年、株式会社技術情報協会)、「機械学習を中心とした異常検知技術と応用提案」(共著、2019年、株式会社情報機構)、「外観検査の実務とAI活用最前線」(共著、2018年、株式会社情報機構)など。